WERKSTATTBÜCHER

FÜR BETRIEBSBEAMTE, KONSTRUKTEURE U. FACHARBEITER
HERAUSGEGEBEN VON DR.-ING. H. HAAKE VDI

Jedes Heft 50—70 Seiten stark, mit zahlreichen Textabbildungen
Preis: RM 2.— oder, wenn vor dem 1. Juli 1931 erschienen, RM 1.80 (10% Notnachlaß)
Bei Bezug von wenigstens 25 beliebigen Heften je RM 1.50

Die Werkstattbücher behandeln das Gesamtgebiet der Werkstatttechnik in kurzen selbständigen Einzeldarstellungen; anerkannte Fachleute und tüchtige Praktiker bieten hier das Beste aus ihrem Arbeitsfeld, um ihre Fachgenossen schnell und gründlich in die Betriebspraxis einzuführen.
Die Werkstattbücher stehen wissenschaftlich und betriebstechnisch auf der Höhe, sind dabei aber im besten Sinne gemeinverständlich, so daß alle im Betrieb und auch im Büro Tätigen, vom vorwärtsstrebenden Facharbeiter bis zum leitenden Ingenieur, Nutzen aus ihnen ziehen können.
Indem die Sammlung so den einzelnen zu fördern sucht, wird sie dem Betrieb als Ganzem nutzen und damit auch der deutschen technischen Arbeit im Wettbewerb der Völker.

Einteilung der bisher erschienenen Hefte nach Fachgebieten

(Fortsetzung 3. Umschlagseite)

WERKSTATTBÜCHER

FÜR BETRIEBSBEAMTE, KONSTRUKTEURE UND FACH-
ARBEITER.   HERAUSGEBER DR.-ING. H. HAAKE VDI

HEFT 81

Die wirtschaftliche Verwendung von Einspindelautomaten

Von

Dr.-Ing. Hans H. Finkelnburg VDI

Magdeburg

Mit 88 Abbildungen
und 11 Tabellen im Text

Springer-Verlag Berlin Heidelberg GmbH
1940

ISBN 978-3-7091-9738-7   ISBN 978-3-7091-9985-5 (eBook)
DOI 10.1007/978-3-7091-9985-5

Inhaltsverzeichnis.

I. Die Stellung der Einspindelautomaten.

1. Allgemeines. Einspindelautomaten sind selbsttätig arbeitende Werkzeugmaschinen und lassen sich deshalb aus keiner Fabrikation wegdenken, bei der Werkstücke in größerer Stückzahl zu fertigen sind. Es darf aber auch nicht verkannt werden, daß es noch verschiedene andere Werkzeugmaschinen gibt, mit denen sich die gleichen Aufgaben bewältigen lassen wie mit dem Einspindelautomaten, wenn auch auf andere Art, unter anderem Menscheneinsatz und in anderen Zeiten. Es ist deshalb erforderlich, einer Schrift über Einspindelautomaten eine kurze Betrachtung anderer Maschinen gleichen Arbeitszweckes voranzustellen, damit die Möglichkeit genauester Abwägung der Vor- und Nachteile jeder Bauart gegeben ist.

Aber auch unter dem Begriff Einspindelautomaten versteht man keineswegs eine einheitliche Maschinenart. Man bezeichnet so jede selbsttätig arbeitende Maschine, an der Werkstücke an einer Werkstückspindel gefertigt werden. Die Arbeitsbereiche, die Bearbeitungsmöglichkeiten und andere Daten der Maschinen können daher sehr verschieden sein. Entscheidend ist in jedem Fall das Arbeitsstück, das zur Bearbeitung in Frage kommt. Sollen etwa Drehflächen sehr unterschiedlichen Durchmessers gedreht werden, so müssen verschiedene Spindeldrehzahlen schaltbar sein, die je nach Art der Maschine im Stillstand oder während der Schnittzeit gewechselt werden. Ist die Maschine dagegen nur für sehr kleine Durchmesser bestimmt, so genügt vielfach eine einzige Spindeldrehzahl zur Bearbeitung eines Werkstückes. Sind viele Arbeitsgänge zum Fertigstellen eines Teiles zu erledigen und Größe und Richtung der dazu erforderlichen Werkzeugbewegungen sehr verschieden, so werden mehrere Werkzeugträger gebraucht, die sich unabhängig voneinander bewegen. Ebenso beeinflussen die vorgesehenen Werkstücke die Antriebsleistung und Beanspruchung der einzelnen Bauteile und damit deren Form und Größe. Der Ausgangspunkt jeder Maschinenbetrachtung muß deshalb die Gruppe von Werkstücken sein, die zur Bearbeitung in Frage kommen, für genauere Untersuchungen das ungünstigste Teil, sei es nun bezüglich der Maße, der Zerspanungsarbeit oder des Werkstoffes.

Wendet man dies auf das große Gebiet der Einspindelautomaten, also der selbsttätigen Revolverdrehbänke mit einer Drehspindel an, so ergibt sich ebenfalls eine Reihe von Maschinen unterschiedlicher Größe und Gestaltung, die jeweils einer Gruppe von Bearbeitungsforderungen und Werkstückgrößen zugeordnet sind, ohne dadurch die Eigenschaft der Einspindelautomaten zu verlieren. Die vielfach gebräuchlichen Bezeichnungen, wie Schraubenautomat, Revolverautomat, selbsttätige Fassondrehbank, Kleinautomat, Langdrehautomat, Gridley-Automat, Cleveland-Automat und wie die einzelnen Arten noch heißen mögen, sind also Untergruppen der Einspindelautomaten, sofern sie nicht abgelehnt werden müssen, da sie unklar oder irreführend sind. Unter Gridley-Automat versteht man beispielsweise gleicherweise Ein- und Mehrspindelautomaten, bei denen die Werkzeugschlitten eine besondere Gestalt haben, die aber auf die Bearbeitbarkeit von Werkstücken ohne nennenswerten Einfluß bleibt.

Unter dem Sammelbegriff Einspindelautomat versteht man also eine selbsttätige Revolverdrehbank, bei der jeweils nur ein einziges Werkstück gleichzeitig bearbeitet wird, das mit der Drehspindel die Hauptbewegung ausführt. Das Teil wird stufenweise bearbeitet durch die nacheinander folgenden Werkzeuggruppen, die Bewegungen längs oder radial zum Werkstück ausführen. Wenn die Zahl der längs arbeitenden Werkzeuge groß ist, werden sie an einem Revolverkopf befestigt, der in den Pausen zwischen den einzelnen Bearbeitungsstufen jeweils eine Schaltbewegung ausführt, so daß die nächste Werkzeuggruppe in Arbeitsstellung rückt. Für alle Bewegungen eines Einspindelautomaten von der selbsttätigen Zuführung des Werkstoffes bis zum selbsttätigen Ablegen des fertigen Teiles sorgt eine Steuerung, die das Kennzeichen des Einspindelautomaten ist und seine Überlegenheit über andere Maschinen ausmacht. Denn alle Bewegungen, die bei der Revolverdrehbank von Hand ausgeführt werden müssen und dadurch in ihrem Zeitbedarf schwanken, werden bei den Automaten durch die Steuerung in der kürzestmöglichen, stets gleich langen Zeit zum Ablauf gebracht. Die Wirtschaftlichkeit eines Einspindelautomaten hängt daher von der Schnelligkeit und den Schaltmöglichkeiten der Steuerung ab. Diese bedingen seine Überlegenheit.

Zu den Einspindelautomaten gehört auch eine Gruppe von Maschinen, bei denen nicht alle Bewegungen selbsttätig ausgeführt werden, es sind dies die Futter-Halbautomaten. Diesen werden die Werkstücke von Hand zugeführt, damit sie die richtige Lage in der Spanneinrichtung haben. Die ganze Bearbeitung erfolgt aber selbsttätig, und die verwendeten Maschinen sind in ihrem ganzen Aufbau genau wie die vollselbsttätigen Automaten, so daß die Einordnung dieser Futter-Halbautomaten gerechtfertigt ist.

2. Werkzeugmaschinen für Drehbearbeitung. Es wurde schon erwähnt, daß an Stelle von Einspindelautomaten auch andere Maschinen verwendet werden können, und das ist in vielen Werkstätten auch der Fall, allerdings ohne daß jedesmal die wirtschaftliche Berechtigung gegeben ist. Denn die Verwendung einer bestimmten Maschinenart kann nur gerechtfertigt sein, wenn das Werkstück dabei in seiner Herstellung billiger wird oder anders nicht gefertigt werden kann. Ergibt die Wirtschaftlichkeitsrechnung Grenzfälle, in welchen die billigere und einfachere Maschine gleich günstig fertigt, so ist diese stets bei der Anschaffung vorzuziehen, da die Wahrscheinlichkeit für stets ausreichende Beschäftigung größer ist.

Grundlage einer Wirtschaftlichkeitsrechnung ist die genaue Kenntnis der Eigenschaften und Betriebsbedingungen der verschiedenen Maschinenarten, die deshalb einander gegenübergestellt werden.

a) Drehbank. Die Drehbank ist die einfachste Maschine für Drehbearbeitung. Die Genauigkeit der auf ihr hergestellten Werkstücke ist von der Geschicklichkeit des Drehers abhängig, welcher die Werkzeuge zum Schnitt bringt, den Vorschub ein- und ausrückt und in Abständen mißt. Beim Übergang von einem Arbeitsgang zum nächsten wird jeweils der Stahl von Hand gewechselt. Werden zwei oder mehr Stücke gedreht, so muß — von Sondereinrichtungen abgesehen — der Stahl für jedes Stück neu eingespannt werden. Diese Art der Bearbeitung bedingt daher lange Rüst- und Nebenzeiten, die zudem von der Geschicklichkeit und dem Ermüdungszustand des Drehers abhängen. Aber auch die Hauptzeit wird lang, da stets nur ein Werkzeug im Schnitt steht, so daß meist viele Arbeitsgänge nacheinander erforderlich sind. Eine Verbilligung dadurch, daß ein Dreher gleichzeitig zwei Maschinen bedient, wird nur selten erreichbar sein, da es lange Laufzeiten mindestens für eine der beiden Bänke voraussetzt.

b) Revolverdrehbank. Die Eigenart der Revolverdrehbänke bietet die Möglichkeit, mehrere Werkzeuge zu einer Gruppe vereinigt gleichzeitig arbeiten zu lassen, so daß die Zahl der erforderlichen Arbeitsgänge gegenüber der Drehbank erheblich kleiner wird. Alle für die Bearbeitung eines Werkstückes notwendigen Werkzeuge sind aber gleichzeitig auf der Maschine, und zwar an einem Revolverkopf, angeschraubt, der von Hand geschwenkt wird, so daß die nächste Werkzeuggruppe in Arbeitsstellung kommt. Jedes Aus- und Einspannen von Werkzeugen entfällt, und die Nebenzeit wird dadurch erheblich verkürzt. Durch Zuordnung je eines Anschlages zu jeder Werkzeuggruppe lassen sich bei jedem Werkstück gleiche Wege erreichen, so daß ein Nachmessen der bearbeiteten Flächen lediglich einmal vor dem Abspannen erforderlich ist. Es wird also auch eine beträchtliche Verkürzung der Hauptzeit gegenüber der Drehbank möglich, der allerdings eine wesentlich längere Rüstzeit gegenübersteht. Denn die einzelnen Werkzeuge und Werkzeuggruppen müssen sorgfältig auf die verlangten Drehdurchmesser und -längen eingestellt werden, was bei der Zusammenfassung der einzelnen Stähle zu Werkzeuggruppen nicht immer einfach ist.

Zur Bedienung einer Revolverdrehbank sind keine Dreher erforderlich, es können angelernte und aus anderen Berufen umgeschulte Leute oder weibliche Arbeitskräfte herangezogen werden, da die Werkstücksgenauigkeit von der richtigen Einstellung der Werkzeuggruppen und Anschläge und nicht von der Bedienung abhängt. Die Bedienungskosten sind also geringer.

c) Einspindelautomaten. In ihrer Arbeitsweise entsprechen Einspindelautomaten weitgehend den Revolverdrehbänken, nur werden alle Bewegungen nicht von Hand, sondern selbsttätig gesteuert, so daß jede Bewegung in der kleinstmöglichen Zeit abläuft. Die Dauer der Nebenzeit wird dadurch verkürzt und dem Einfluß des Arbeiters entzogen. Bei Verwendung von Einspindelautomaten mit mehreren Werkzeugschlitten neben dem Revolverkopf lassen sich größere Werkzeuggruppen gleichzeitig zum Schnitt bringen als bei einer Revolverdrehbank. So wird auch die Hauptzeit verkürzt. Dieser Stückzeitverkürzung steht aber wiederum eine Verlängerung der Rüstzeit gegenüber, da bei einem Einspindelautomaten nicht allein die Werkzeuggruppen und Anschläge, sondern außerdem noch die Steuerung eingerichtet werden muß. Dabei ist häufig das Auswechseln vieler Kurvenstücke erforderlich, sofern diese nicht überhaupt erst angefertigt werden müssen. Auf der anderen Seite ist aber der Bedarf an Wartung bei einem Einspindelautomaten sehr gering. Vollselbsttätige Maschinen (Stangen- und Magazinautomaten) erfordern nur einen Mann und einen Einrichter auf 4···6 Maschinen, während Futter-Halbautomaten, bei denen jedes Werkstück von Hand ein- und ausgespannt wird, fast zu jeder Maschine einen Mann erfordern. Der genaue Bedarf an Hilfskräften richtet sich — und dies gilt ebenso für die anschließend besprochenen Mehrspindelautomaten — nach der Bearbeitungszeit eines Werkstückes.

d) Mehrspindelautomaten. Bei den Mehrspindelautomaten stehen alle Werkzeuge gleichzeitig bei mehreren Werkstücken im Schnitt. Die Werkstücke werden stufenweise von Spindelstellung zu Spindelstellung fortschreitend fertiggestellt. Dabei verkürzt sich aber die Stückzeit gegenüber Einspindelautomaten nicht entsprechend der Spindelzahl, sondern geringer. Denn während bei einem Einspindelautomaten jede Werkzeuggruppe nur den für sie erforderlichen Arbeitsweg zurücklegt, so daß die einzelnen Werkzeuggruppen verschieden lange Arbeitszeiten haben, machen bei einem Mehrspindelautomaten alle Gruppen den gleichen Weg bzw. ihren Weg in der gleichen Zeit, die sich nach dem längsten Arbeitsweg richten muß. Es kann also bei einem Mehrspindelautomaten vorkommen, daß Werkzeuge die halbe Arbeitszeit hindurch leer laufen, wenn ihr Arbeitsweg sehr klein ist gegenüber dem längsten Weg, oder daß diese Werkzeuge

ihren kurzen Weg in der gleichen Zeit und dadurch mit sehr kleinem Vorschub
erledigen, obwohl ein größerer Vorschub zulässig wäre. Sehr günstig wird die
Nebenzeit des Mehrspindelautomaten. Da nach jeder Schaltung ein Werkstück
fertig wird, entfällt auf jedes Stück zu der Bearbeitungszeit nur eine Schaltzeit,
während bei den Einspindelautomaten bei jedem Werkstück mehrere Schalt-
zeiten hinzukommen.

Wie schon bei den anderen Maschinen für Drehbearbeitung tritt wiederum
als Folge der kürzeren Stückzeit eine längere Rüstzeit auf, die durch das Einstellen
der vielen Werkzeuge bedingt ist.

3. Vergleichsaufstellung. Die Eigenschaften der verschiedenen Werkzeugmaschinen für Drehbearbeitung lassen erkennen, daß ihr richtiger Einsatz eine
Frage der vorgegebenen Stückzahl ist. Denn je größer die Stückzahl wird, um
so mehr verteilt sich die einmalige Rüstzeit, und um so weniger tritt sie in Er-
scheinung. Allerdings muß mit berücksichtigt werden, ob die in Auftrag ge-
gebene größere Stückzahl gleichartiger Werkstücke einmal gebraucht wird, oder
ob in bestimmten Zeitabständen die Werkstücke immer wieder gebraucht werden.
Denn wenn in letzterem Fall auch die Rüstzeit stets neu erforderlich ist, können
doch die Kurvenstücke, Werkzeuge und Muster liegenbleiben, so daß beim
zweiten und dritten Mal die Rüstzeit bereits geringer wird.

Tabelle 1 zeigt vergleichsweise für ein Werkstück die Stück- und Rüstzeiten
bei den verschiedenen Maschinen, die möglichst genau bestimmt werden müssen.
Mit den Zahlenwerten der Tabelle 1 kann man dann den Stückpreis errechnen,
der unmittelbar anzeigt, welche Maschinenart am besten geeignet ist[1]. Diese und

Tabelle 1. Zusammenstellung verschiedener Maschinen und erforderlicher
Rüst- und Stückzeiten für ein bestimmtes Werkstück.

Lfd. Nr.	Maschinenart	Kennzeichen der Maschine	Erforderliche Bedienung	Preis einer Maschine in 1000 RM.	Für Werkstück	
					Rüstzeit min	Stückzeit min
1	Drehbank	1 Werkzeug im Schnitt. Bewegungen von Hand	1 Dreher	5,5	40	20
2	Revolverdrehbank	1 Werkzeuggruppe im Schnitt. Nebenzeitbewegungen von Hand	1 angelernter Arbeiter	8,5	100	5
3	Einspindelautomat	1 Werkzeuggruppe im Schnitt. Alle Bewegungen voll selbsttätig	Auf mehrere Maschinen ein Einrichter und eine Hilfskraft	11	200	3,5
4	Vierspindelautomat	Alle Werkzeuge im Schnitt. Alle Bewegungen voll selbsttätig		19,5	400	1,2
5	Sechsspindelautomat	Alle Werkzeuge im Schnitt. Alle Bewegungen voll selbsttätig		25	480	0,85

ähnliche Durchrechnungen führen zu dem Ergebnis, daß Drehbänke für Reihen
bis zu 5 Stück geeignet sind; bei der Revolverdrehbank liegt die wirtschaftliche
Grenze etwa zwischen 4 und 20 Werkstücken, der Einspindelautomat eignet sich
erst von Reihen von 10···200 Stück an, während bei großen Stückzahlen der
Mehrspindler die bestgeeignete Maschine ist. Die untere Zahl der Wirtschaftlich-

---

[1] Solche Berechnungen sind im Werkstattbuch Heft 71 „Mehrspindelautomaten" durchgeführt, worauf hier hingewiesen sei: Berücksichtigung von Abschreibung, Verzinsung und
Lohnkosten.

keitsgrenze bezieht sich dabei auf einfache Werkstücke, die wegen der leichten Einstellung kurze Rüstzeiten haben, die obere Grenze auf formschwierige Teile mit engen Grenzmassen.

II. Die Bauarten der Einspindelautomaten.

4. Einteilung. Die Zahl der verschiedenen Einspindelautomaten ist außerordentlich groß, da fast für jedes Sondergebiet auch besondere Maschinen entwickelt wurden, die ihrer Arbeitsweise nach zu den Einspindelautomaten gehören. Es würde aber über den Rahmen dieser Schrift hinausgehen, wenn alle diese Sonderbauarten behandelt würden. Es werden deshalb alle die Maschinen bewußt übergangen, die nur für ein einziges Werkstück oder eine Werkstückart in mehreren Größen zu brauchen sind, wie es beispielsweise bei den Hülsenschruppautomaten der Fall ist. Einsatzmöglichkeit und Einsatznotwendigkeit dieser Maschinen ergeben sich aus den Werkstücken. Es sind reine Einzweckmaschinen, bei denen der Käufer zudem in den wenigsten Fällen Einstellarbeit zu leisten hat.

Im Rahmen dieses Heftes werden deshalb nur die Einspindelautomaten behandelt, die durch geeignete Ausrüstung mit Werkzeugen für die verschiedensten Werkstücke verwendbar sind, also Maschinen, die der Käufer auch ohne Werkzeuge anschaffen kann, wenn er sich Einrichtungen für seine besondere Fertigung selber schaffen will. Aber auch hier gibt es noch sehr viele verschiedene Bauarten, die ihre Daseinsberechtigung in den Form- und Größenunterschieden der Werkstücke haben, die für vollselbsttätige Bearbeitung in Frage kommen. Weiterhin ist die Form der Werkstoffanlieferung in Betracht zu ziehen. Die Mehrzahl aller Einspindelautomaten sind Stangenmaschinen, denen also stangenförmiger Werkstoff zugeführt wird, den die Maschine selbsttätig vorschiebt und verarbeitet, bis der letzte Rest verbraucht ist. Ebensogut lassen sich aber spanlos oder spangebend vorgeformte Werkstücke verarbeiten. Sind die Stücke dabei von einfacher, vorwiegend runder Form, wie gegossene Ventilführungen oder kleine Schmiedestücke für Zahnräder, so können sie der Spanneinrichtung durch ein Magazin zugeführt werden. Die Arbeitsweise des Automaten bleibt dabei vollselbsttätig, da er sich automatisch ein Rohteil aus dem Magazin entnimmt, wenn ein Teil fertig bearbeitet ist. Sind die Werkstückrohlinge dagegen groß oder von schwieriger Form, so daß sie in der Spanneinrichtung eine bestimmte Lage haben müssen, wie es bei Automobilkolben oder Ventilteilen der Fall sein kann, so müssen sie von Hand zugeführt werden, die Arbeitsweise des Automaten ist also nur halbselbsttätig. In diesem Fall ist eine regelmäßige Bedienung der Maschine erforderlich, die nur die Bearbeitung selbsttätig ausführt. Die Stückzeit, die durch die Spannzeit beeinflußt wird, ist von Geschicklichkeit und Ermüdungszustand des Arbeiters abhängig.

Nach dieser Werkstückeinteilung unterscheidet man

a) Einspindel-Stangenautomaten,
b) Einspindel-Futterautomaten mit Magazinzuführung,
c) Einspindel-Futterhalbautomaten.

Da in der Arbeitsweise dieser drei Arten aber mit Ausnahme der Spanneinrichtung und Materialzuführung kein Unterschied besteht, werden sie zusammen behandelt.

Ein weiterer Unterschied zwischen Einspindelautomaten gleichen Arbeitsumfanges liegt in der Steuerung, also der getrieblichen Durchbildung der Organe für die selbsttätigen Bewegungen. Man unterscheidet hier in der Fachliteratur

Maschinen nach dem Einkurvensystem, dem Mehrkurvensystem oder mit Hilfssteuerwelle als Sonderform des Mehrkurvensystems. Auch diese Unterscheidung
kann hier entfallen, da die Maschinen nur hinsichtlich der auf ihnen zu leistenden
Arbeit betrachtet werden sollen.

Es ergibt sich damit also eine Einteilung nach der Art der Werkstücke, die
auf jeder Maschine bearbeitet werden können, und hier ergeben sich zunächst
zwei Gruppen:

a) Form- und Schraubenautomaten,
b) Revolverautomaten.

Eine eingehendere Betrachtung zeigt, daß die Einteilung aber noch weiter-
gehend durchgeführt werden kann. Form- und Schraubenautomaten sind vor-

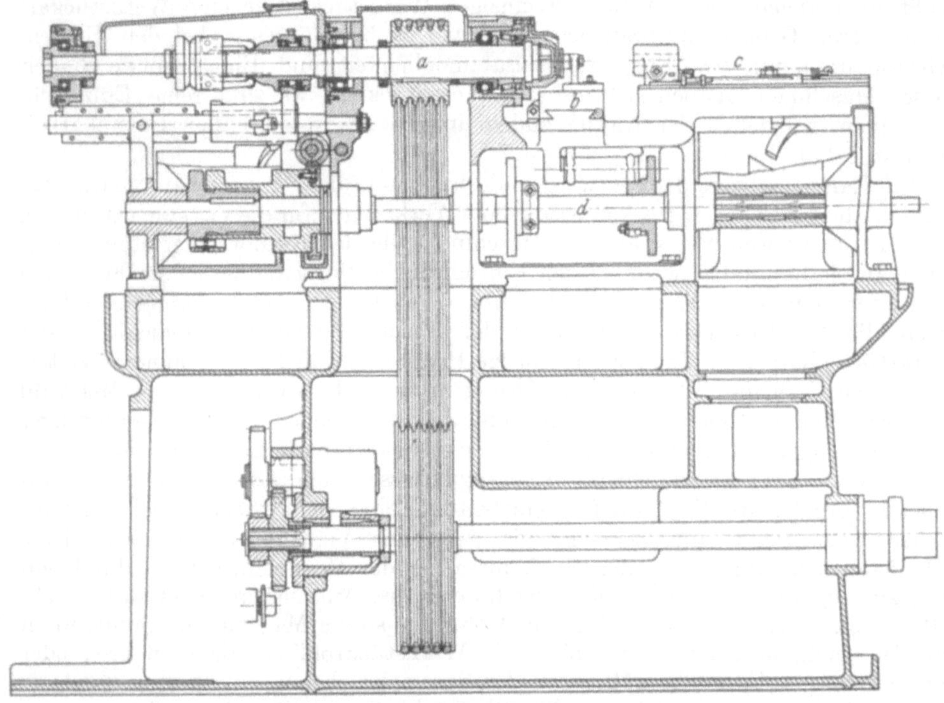

Abb. 1. Längsschnitt durch einen Einspindel-Form- und Schraubenautomaten
(Pittler, Werkzeugmaschinen AG., Leipzig[1]).

a = Werkstückspindel; b = Querschlitten; c = Aufnahme für Gewindeschneideinrichtung; d = Steuerwelle.

wiegend für kleine und kleinste Teile bestimmt, die aus Stangen gedreht werden
und deren Länge so gering ist, daß das Werkstück starr bleibt.

Für lange dünne Werkstücke, die für eine Bearbeitung auf einem Formautomaten zu schwach sind, ist eine in ihrer Arbeitsweise diesem Zweck angepaßte
Maschinenform entwickelt, der Einspindel-Langdrehautomat.

Für größere Werkstücke einfacher Form werden Einspindelautomaten verwendet, bei denen viele Stähle gleichzeitig angesetzt werden können, da die Werkstücke groß genug sind. Es ergibt sich damit die Form des Einspindel-Vielstahlautomaten.

Die Arten der Einspindel-Revolverautomaten, deren Kennzeichen der eine

<hr>

[1] Die Firmennamen werden bei den Abbildungen nur einmal ausführlich, weiterhin dagegen abgekürzt wiedergegeben, z. B. Pittler, Index usw.

Schaltbewegung ausführende Revolverkopf mit den Werkzeugen ist, sind untereinander nicht so verschieden, daß noch eine besondere Einteilung erforderlich ist.

Bei allen diesen Maschinen führen die Werkstücke mit der Drehspindel die drehende Hauptbewegung aus, während mit einer Ausnahme die Werkzeuge die Vorschubbewegung längs und quer zum Werkstück erledigen. Nur bei Langdrehautomaten wird auch die Längsbewegung von dem Werkstoff gemacht, während die Werkzeuge hier radial schwingen.

5. Einspindel-Form- und -Schraubenautomaten, von denen eine Ausführung in Abb. 1 im Schnitt dargestellt ist, zeichnen sich durch äußerste Einfachheit und Übersichtlichkeit aus, so daß sie schnell ein- oder umgerichtet werden können. Neben der Drehspindel a sind meistens 2 oder 3 Werkzeugträger b mit radialer

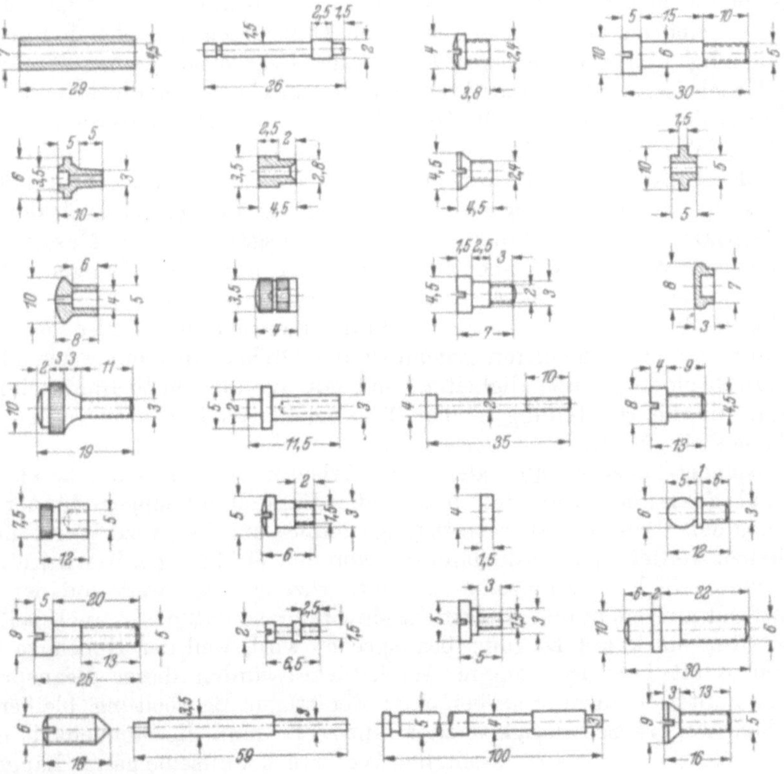

Abb. 2. Arbeitsbeispiele für einen Einspindel-Form- und Schraubenautomaten.

Bewegung auf das Werkstück zu angeordnet, die unabhängig voneinander arbeiten, so daß für jedes Werkzeug der Vorschub gesondert eingestellt werden kann. Der Drehspindel gegenüber befindet sich ein axial beweglicher Schlitten c, welcher eine Gewindeschneideinrichtung oder Bohreinrichtung — bei einigen Bauformen auch beide, die durch eine Schaltbewegung nacheinander in Tätigkeit kommen — aufnimmt. Vielfach werden bei Schraubenautomaten die Radialwerkzeugträger um eine Achse schwingend ausgeführt, einer ist dabei zusätzlich axial beweglich. Dieser kann dann mehrere — bis zu drei — Werkzeuge aufnehmen, davon ist eins meist der Werkstoffanschlag. Beim Arbeiten dieser Form- und Schraubenautomaten wird der Werkstoff in der Drehspindel bis gegen den Anschlag vorgeschoben und dann von der Spannpatrone festgehalten. Dann folgt die Bearbeitung längs und quer und der Abstich, durch den das Werkstück von der Werkstoffstange getrennt wird. Gleichzeitig erfaßt ein Greifer das Teil und führt es zur Nachbearbeitung zu einer Schlitzeinrichtung.

Entsprechend dem einfachen Aufbau eignen sich diese Automaten zur Herstellung einfacher Teile, wie Bolzen, Griffe, Rollen und Schrauben, von denen Abb. 2 eine Auswahl zeigt. Alle diese Werkstücke haben keine großen Durchmesserunterschiede, so daß alle Flächen mit der gleichen Spindeldrehzahl bearbeitet werden können. Diese kleinen Maschinen erfordern also nur eine Spindeldrehzahl während einer Einstellung, die etwa durch unmittelbaren Riemenantrieb der Drehspindel erreichbar ist. Die Größe dieser Drehzahl muß dem Werkstoff, den Werkzeugen sowie deren Standzeit angepaßt werden. Da eine solche Einstellung, die beispielsweise für Teile aus Chromnickelstahl sehr niedrige, für Werkstücke aus Leichtmetall dagegen sehr hohe Drehzahlen vorsieht, für ein Werkstück einmalig und während der Dauer der Bearbeitung einer Werkstückart unveränderlich ist, wird sie über Wechselräder durchgeführt, die beim Einrichten im Stillstand der Maschine auf die Getriebewellen aufgesteckt werden. Der selten erforderliche Wechsel dieser Einstellung macht diese billige Getriebeform möglich. Die Zahl der Einstellmöglichkeiten ergibt sich aus der Anzahl der mitgelieferten Wechselräderpaare, der Sprung zwischen zwei Einstellungen ist auch der Sprung der Räderpaare. Für Maschinen, die wegen ausgesprochener Massenfertigung für ein einziges Werkstück beschafft werden und nur dieses fertigen sollen, genügt es dann, ein einziges Wechselräderpaar mitzubestellen.

Das Kennzeichen der Form- und Schraubenautomaten ist also der einfache Aufbau mit nur einem Schlitten gegenüber der Drehspindel, mit einer oder ganz wenigen Drehspindelgeschwindigkeiten, und mit nur kleinen Spanndurchmessern, da sie nur für die Herstellung kleiner Teile sind. Als Futterautomaten werden diese kleinen Maschinen nicht verwendet.

6. Einspindel-Langdrehautomaten. Die Arbeitsweise der schon beschriebenen Form- und Schraubenautomaten macht die Herstellung langer dünner Formteile unmöglich. Denn die Werkstoffstange müßte um die ganze Werkstücklänge vorgeschoben werden und würde dann erst von den Werkzeugen bearbeitet. Dabei ist es unvermeidlich, daß einzelne Schneidwerkzeuge sehr weit von der Spannzange entfernt auf das dünne Werkstück einwirken, so daß dieses auch bei kleinen Schnittkräften stark auf Biegung beansprucht wird, weil der Hebelarm der angreifenden Kraft lang ist. Dünne Werkstücke würden dieser Beanspruchung nicht standhalten können und bei einer derartigen Bearbeitung bleibend verformt. Eine weitere Schwierigkeit tritt hinzu. Es muß die Möglichkeit gegeben sein, das Werkstück auf seine ganze Länge radial zu bearbeiten. Das erfordert bei langen Teilen breite Querschlitten, die aber die Maschine unnötig schwer und teuer machen.

Alle diese Schwierigkeiten führten notwendigerweise dazu, für lange dünne Werkstücke, wie sie in Abb. 3 gezeigt sind, eine besondere Maschinenart zu entwickeln, die Einspindel-Langdrehautomaten. Diese unterscheiden sich von den anderen Einspindelautomaten darin,

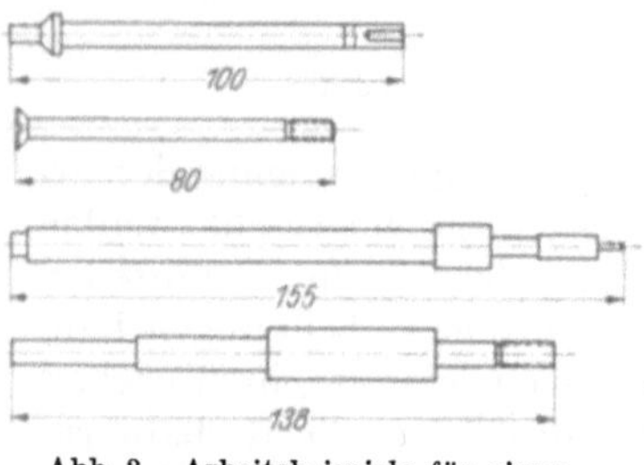

Abb. 3. Arbeitsbeispiele für einen Einspindel-Langdrehautomaten.

daß die Werkzeuge keinerlei Längsbewegung ausführen, sondern sich nur radial zu den Werkstücken bewegen, die außer der Drehbewegung auch den Längsvorschub ausführen. Um dies zu erreichen, muß ein besonders gestalteter Spindelstock vorhanden sein (Abb. 4). Die Werkstoffstange wird in einem Spann-Vorschubrohr a, welches in der Drehspindel b längsverschieblich ist, mit Patrone gehalten. Das Spann-Vorschubrohr wird durch eine Kurve bewegt, die dem Werkstück angepaßt sein muß. Zu beachten ist, daß bei Querbearbeitung das Werkstück keine Vorschubbewegung erhält und sich bei Längsbearbeitung axial bewegt.

7. Einspindel-Vielstahlautomaten. Auch für große Werkstücke verschiedenster Form, die einfach in der Bearbeitung sind, aber in größeren Stückzahlen vorkommen, muß ein Einspindelautomat zur Verfügung stehen, der in der Einfachheit seines Aufbaues den Formautomaten ähnelt. Bei den Werkstücken, von denen Abb. 5 eine Auswahl zeigt, handelt es sich meistens um Guß- oder Gesenkschmiedestücke, die in mehreren Aufspannungen gefertigt werden. Bei jeder Aufspannung sind nur wenige Arbeitsgänge zu erledigen, nach denen dann andere Vorgänge, wie Wärmebehandlung, folgen. Da die Stückzahlen dieser größeren Teile nicht allzu groß sind, muß auf die Möglichkeit häufigen Umrichtens Rücksicht genommen werden. Die Größenunterschiede der verschiedenen Teile, die auf einer Maschine zur Bearbeitung kommen, sind sehr beträchtlich, so daß große Arbeitsbereiche nötig sind. Die wirtschaftliche Bedeutung der selbsttätigen Bearbeitung auf einem Einspindelautomaten liegt hierbei nicht so sehr in der kürzeren Arbeitszeit als vielmehr in der Selbsttätigkeit der Hauptzeit, während welcher der Arbeiter andere Arbeiten erledigen kann.

Bei diesen Vielstahlautomaten handelt es sich fast ausschließlich um Futtermaschinen, denen die Werkstücke von Hand zugeführt werden, also um Halbautomaten. Die Größe der Werkstücke und

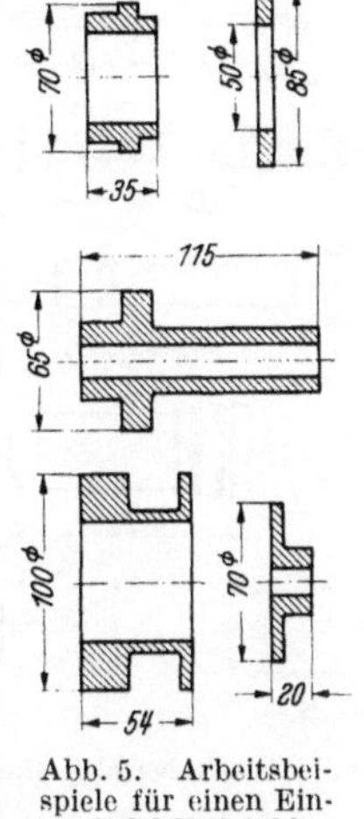

Abb. 5. Arbeitsbeispiele für einen Einspindel-Vielstahlautomaten.

Arbeitsflächen ermöglicht es, daß stets mehrere Schneidwerkzeuge angesetzt werden, woraus sich die Bezeichnung Vielstahlautomat ergibt. Durch die Verwendung normaler Drehstähle ist es möglich, den Automaten schneller einzurichten als eine Revolverdrehbank mit den häufig verwickelten Werkzeughaltern und Werkzeugen. Auf die Arbeitsmöglichkeiten dieser Einspindel-Vielstahlautomaten wird noch eingegangen.

8. Einspindel-Revolverautomaten. Auf Einspindel-Revolverautomaten können im Gegensatz zu den bisher beschriebenen einfachen Form- und Schraubenautomaten auch schwierige Drehteile mit vielen Arbeitsgängen selbsttätig hergestellt werden. Die kleinen und mittleren Maschinen dieser Art sind vorwiegend für Stangenarbeit vorgesehen. Abb. 6 zeigt eine solche Maschine. Der Werkstoff wird in der Drehspindel bis gegen einen Anschlag vorgeschoben, in einer Spannzange festgehalten und dann mit

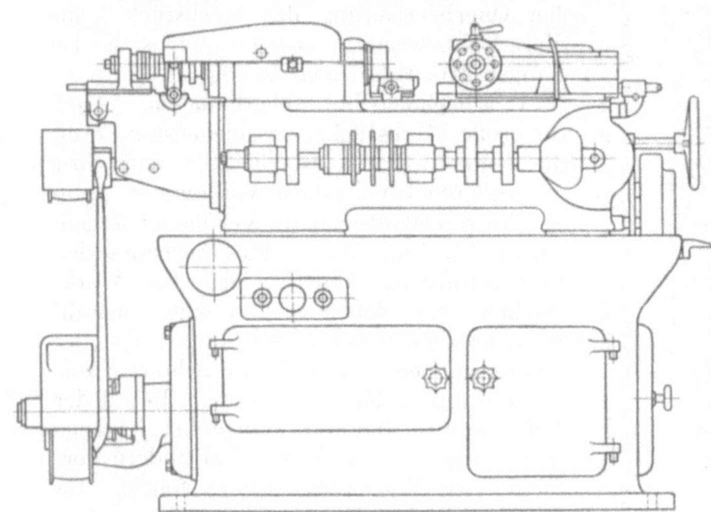

Abb. 6. Ansicht eines kleinen Einspindel-Revolverautomaten (Index-Werke K.G., Hahn & Tessky, Eßlingen a. Neckar).

den nacheinander angreifenden Werkzeugen des Revolverkopfes und der Querschlitten fliegend be-

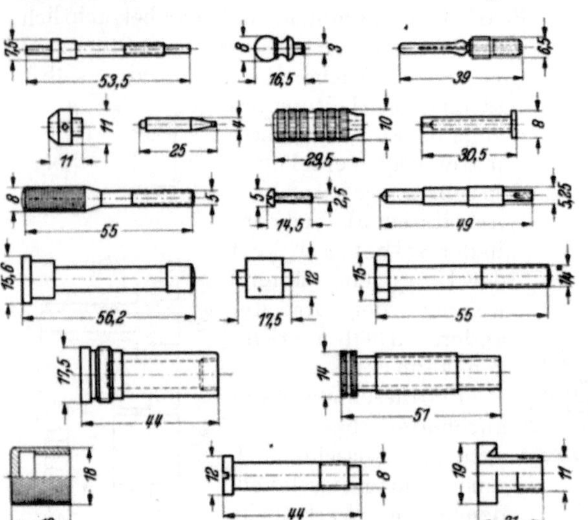

Abb. 7. Arbeitsbeispiele eines kleinen Einspindel-Revolverautomaten.

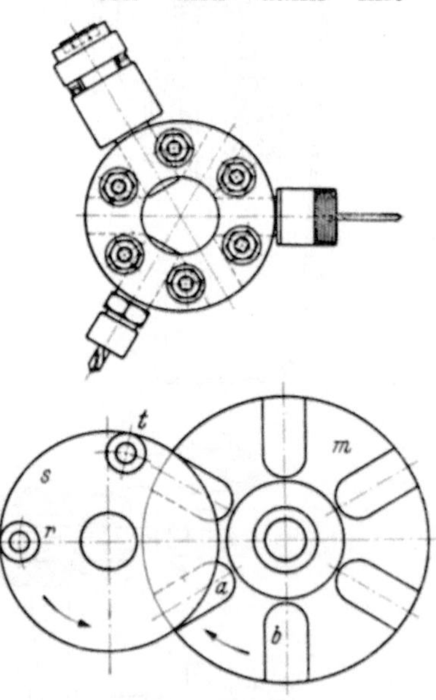

Abb. 8. Doppelschaltung eines sechsteiligen Revolverkopfes, der nur mit drei Werkzeugen ausgerüstet ist.

m = Malteserkreuz-Schaltgetriebe für Revolverkopf; a und b = Schaltschlitze im Malteserkreuz; s = Schaltscheibe zum Antrieb des Malteserkreuzes; r und t = Schaltzapfen an der Schaltscheibe.

arbeitet. Die größere Leistungsfähigkeit dieser Maschinenart liegt also in dem Revolverkopf, welcher 4···6 Werkzeugaufnahmen hat und die Werkzeuggruppen durch Schaltbewegungen nacheinander in Arbeitsstellung bringt. Einige Werkstücke eines solchen Automaten mit kleinem Stangendurchmesser zeigt Abb. 7. Wenn die Werkzeuge bei einfacheren Teilen einfach sind, so daß einige Seiten des Revolverkopfes frei bleiben, so werden diese schnell überschaltet. Abb. 8 zeigt eine solche Ausführung bei einer Malteserkreuzschaltung. Der Revolverkopf hat nur 3 Werkzeuge, das

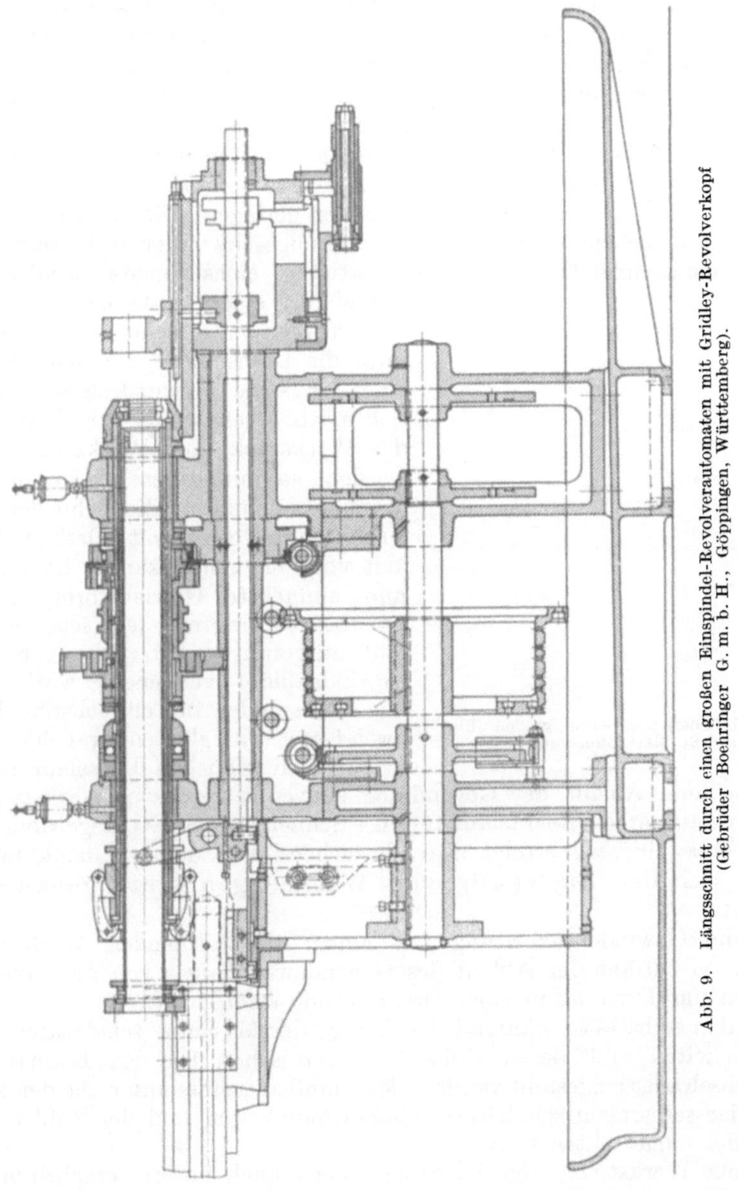

Abb. 9. Längsschnitt durch einen großen Einspindel-Revolverautomaten mit Gridley-Revolverkopf (Gebrüder Boehringer G. m. b. H., Göppingen, Württemberg).

Malteserkreuz *m* aber 6 Schaltschlitze *a*, *b* usw. Die Schaltscheibe *s* trägt nun nicht nur eine Treibrolle *v*, sondern noch eine zweite *t*, so daß bei jeder Umdrehung der Schaltscheibe *s* das Malteserkreuz *m* um zwei Schlitze weitergeschaltet wird, der Revolverkopf also um 2 Werkzeuglöcher.

Die Revolverkopfachse der Revolverautomaten ist ganz verschieden angeordnet. Bei Abb. 6 liegt sie waagerecht und kreuzt die Drehspindelachse. Bei anderen Ausführungen liegt sie ebenfalls waagerecht, aber parallel zur Drehachse, bei anderen wieder senkrecht.

Wirtschaftliche Arbeitsweise auf Revolverautomaten macht es erforderlich, daß alle Drehdurchmesser eines Werkstückes mit der bestgeeigneten Schnittgeschwindigkeit gedreht werden. Deshalb muß die Drehspindel mit mehreren Drehzahlstufen ausgerüstet sein, die während des Laufes der Maschine selbsttätig durch die Steuerung geschaltet werden. Die erforderliche Stufenzahl richtet sich dabei nach der Maschinengröße und liegt zwischen 2 und 8.

Soll an den Werkstücken auch Gewinde geschnitten werden, so ist neben der Spindeldrehung für die Drehbearbeitung noch eine langsame gegenläufige für das Gewindeschneiden erforderlich, die wegen der geringeren Schnittgeschwindigkeit beim Gewindeschneiden etwa $^1/_3 \cdots ^1/_5$ der Drehgeschwindigkeit beträgt. Der am häufigsten vorkommende Fall ist die Fertigung eines Rechtsgewindes. Damit

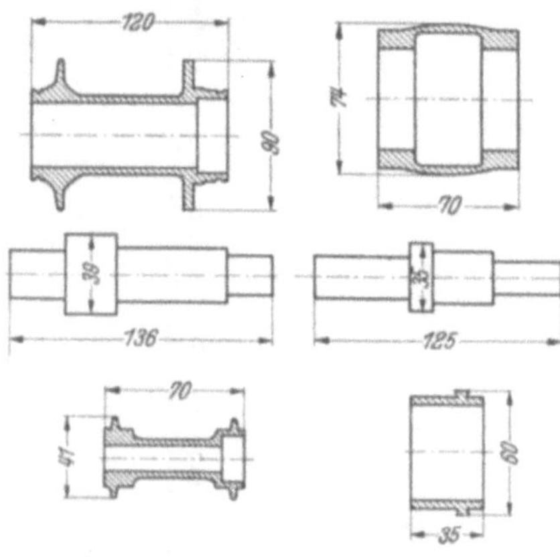

Abb. 10.   Arbeitsbeispiele eines großen Einspindel-Revolverautomaten.

dieses mit einem feststehenden Gewindeschneidwerkzeug geschnitten werden kann, muß die Drehspindel mit dem Werkstück eine langsame Rechtsdrehung ausführen. Soll nach Beendigung des Schneidganges das Werkstück vom Werkzeug abgedreht werden, so muß dieses dafür eine Linksdrehung ausführen, die schneller als der Arbeitsgang, etwa mit Drehgeschwindigkeit vor sich gehen kann. Es ergibt sich nun einfachste Getriebeform, wenn die Drehbearbeitung mit dem schnellen Linkslauf ausgeführt wird, der auch für den Gewindeablauf verwendet wird, so daß die Drehspindel im einfachsten Fall nur zwei Geschwindigkeiten braucht,

a) einen schnellen Linkslauf für Drehbearbeitung und Ablauf des Gewindeschneidwerkzeuges vom Werkstück,

b) einen langsamen Rechtslauf für das Schneiden des Rechtsgewindes.

Die Drehbearbeitung erfolgt also abweichend von der Drehbank im Linksgang, was bei der Auslegung von Werkzeugen stets genau zu beachten ist.

Wird die Gewindebearbeitung mit einem selbstöffnenden Werkzeug vorgenommen, so entfällt der Ablauf des Gewindewerkzeuges von dem Werkstück. Es ist dann nur Drehung in einer Drehrichtung erforderlich.

Neben den selbsttätig während des Laufes der Maschine schaltbaren Spindelgeschwindigkeiten muß deren Höhe wie auch schon bei den Formautomaten durch Wechselräder eingestellt werden. Man muß also stets unterscheiden zwischen der Zahl der selbsttätig schaltbaren Geschwindigkeiten und der Zahl der durch Wechselräder eingestellten Stufen.

Für große Werkstücke von der Stange sowie auch für Futterarbeiten ist eine besondere Einspindel-Revolverautomatenart Abb. 9 besonders geeignet, die mit einem sog. Gridley-Revolverkopf ausgerüstet ist. Die Eigenart dieses Revolverkopfes ist es, daß er lediglich die Schaltbewegung ausführt, sich aber nicht längs zu den Werkstücken bewegt. Dadurch ist eine sehr starre Revolverkopflagerung erreicht, die auch die Abnahme schwerster Schnitte ermöglicht, wie sie bei Werkstücken von der Stange nötig sind, von denen Abb. 10 eine Auswahl zeigt. Die einzelnen Werkzeuge sind auf den Revolverkopfseiten auf längsbeweglichen

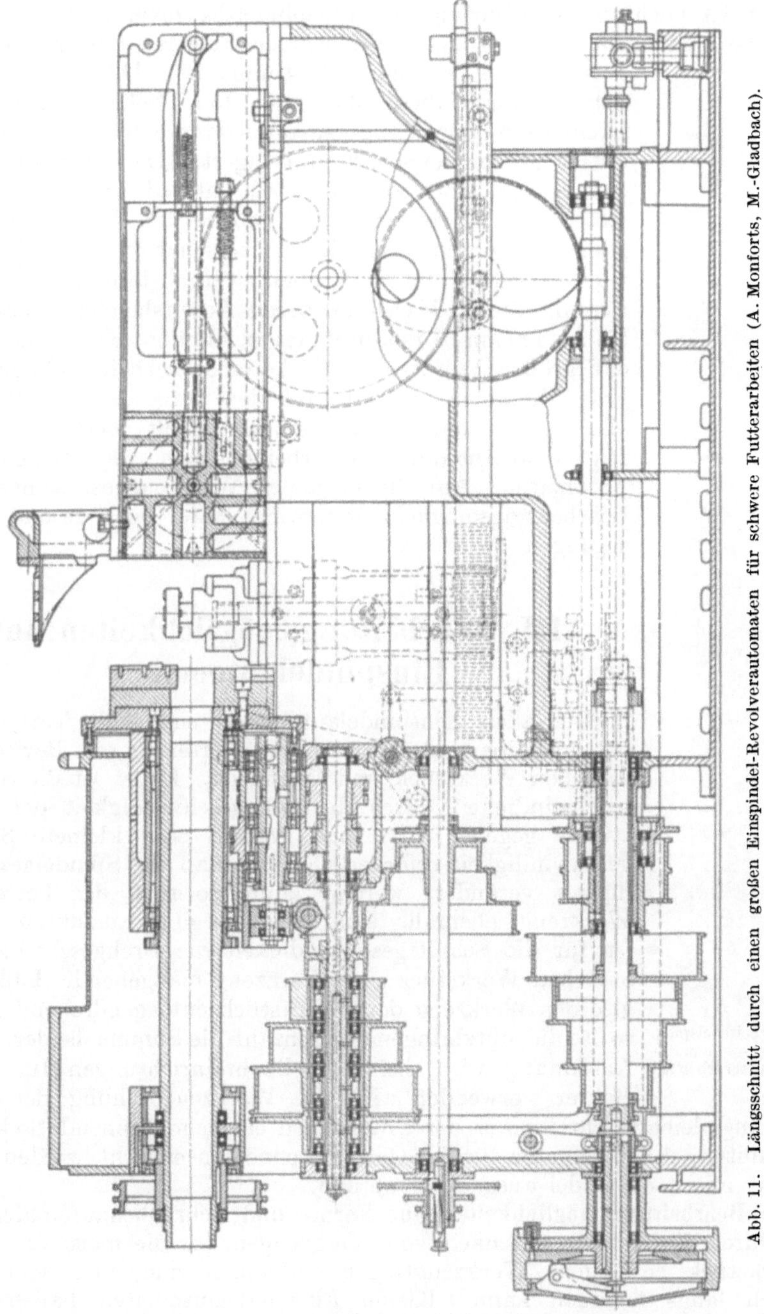

Abb. 11. Längsschnitt durch einen großen Einspindel-Revolverautomaten für schwere Futterarbeiten (A. Monforts, M.-Gladbach).

Schlitten festgeschraubt, von denen stets nur der in Arbeitsstellung stehende vorgeschoben wird. Dadurch wird jede Behinderung des Werkstückes durch die nichtarbeitenden Werkzeuge vermieden, und bei deren Gestaltung braucht auf die Sperrigkeit nicht so geachtet zu werden. Diese Bauart bietet also für große schwere Werkstücke große Vorteile.

Endlich ist noch eine Ausführung von Einspindel-Revolverautomaten zu erwähnen, die ausschließlich für große Werkstücke in Futterspannung, also halbautomatische Fertigung, bestimmt ist. Abb. 11 zeigt einen Schnitt durch diese Maschine. Der Drehspindel mit dem Dreibacken- oder Sonderspannfutter gegenüber ist der vierseitige große Revolverkopf gelagert. Die Aufspannflächen des Kopfes sind so groß, daß auf jede Seite eine ganze Reihe von Werkzeugen für Außen- und Innenbearbeitung gespannt werden kann. Zwei Querschlitten, die radial, aber auch kegelig drehen können, vervollständigen die Ausrüstung dieser Maschine, deren Arbeitsbereich Werkstücke bis zu 500 mm Drehdurchmesser umfaßt. Die Praxis zeigt, daß größere Werkstücke als Automatenarbeit wohl kaum in Frage kommen, so daß mit den dargestellten Automaten alle vorkommenden Werkstücke erfaßt werden. Abb. 12 zeigt eine Auswahl von Arbeitsstücken des letztgenannten Automaten. Auf die einzelnen Werkzeuggestaltungen und Bearbeitungsmöglichkeiten wird später noch gesondert eingegangen.

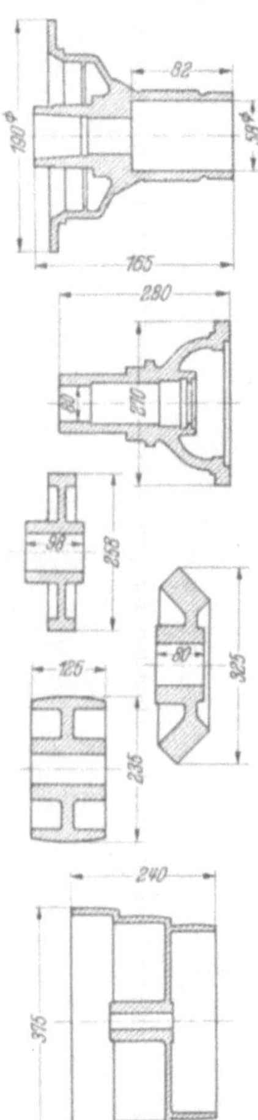

Abb. 12. Arbeitsbeispiele für einen Einspindelautomaten für Futterarbeiten.

III. Bearbeitungsmöglichkeiten auf Einspindelautomaten.

Bei allen Einspindelautomaten sind die Bearbeitungsmöglichkeiten abhängig von den erreichbaren Bewegungen zwischen Werkstück und Werkzeug. Dabei ist die Schnittgeschwindigkeit durch die Drehgeschwindigkeit der Werkstücke gegeben. Ist eine größere oder kleinere Schnittgeschwindigkeit erforderlich, ohne daß die Spindelgeschwindigkeit verändert werden kann, so muß das betreffende Werkzeug ebenfalls eine Drehbewegung ausführen. Dann ist für die Schnittgeschwindigkeit die Drehgeschwindigkeit zwischen Werkstück und Werkzeug maßgebend. Läßt man also das Werkzeug dem Werkstück entgegendrehend laufen, so ist die nutzbringende Drehzahl die Summe beider. Diese Anordnung wird bei Schnellbohreinrichtungen für kleine Bohrer verwendet. Ist die Werkzeugdrehung der Werkstückdrehung gleichgerichtet, so ist der Unterschied beider maßgebend. So können kleine Schnittgeschwindigkeiten für das Gewindeschneiden erreicht werden, wenn diese nicht mit der Spindel ausgeführt werden.

9. **Die Bearbeitungsmöglichkeiten auf Form- und Schraubenautomaten** sind gegeben durch die Anbaumöglichkeit von Werkzeugen, für die meist drei radial zum Werkstück bewegliche Werkzeugträger vorhanden sind, von denen sich einer auch längs bewegen kann. Kleine Einspindelautomaten haben dafür schwingende Stahlhalter nach Abb. 13, die über Kurvenscheiben betätigt werden und um eine Welle drehbar sind. Die Welle des einen Halters wird dabei von einer Kurve noch parallel zur Drehachse bewegt. Die nur Radialbewegungen ausfüh-

renden Werkzeugträger eignen sich zur Aufnahme von allen Arten von Radialwerkzeugen, von denen besonders Rundformstähle (Abb. 14) für die Herstellung genauer Profile und Radien und Flachstähle (Abb. 15) für Einstiche aller Art und Abstiche genannt werden sollen. Wenn mehrere Arbeitsgänge auszuführen sind, so müssen mehrere Werkzeuge an einem Halter vereinigt werden. Soll an dem Werkstück eine Rändelung ausgeführt werden, so läßt sich das Werkzeug dafür mit dem Abstechstahl vereinigen. Soll der Arbeitsgang dabei an dem Teil gemacht werden, welches dann abgestochen wird, so muß das Rändelwerkzeug dem Abstechstahl voraneilen (Abb. 16), damit die Rändelung noch vor dem Abstich erledigt ist. Wird dagegen das nächstfolgende Werkstück bearbeitet (Abb. 17), so können Rändelrolle und Abstechstahl zusammenlaufen. Allerdings wird nach dem darauffolgenden Werkstoffvorschub

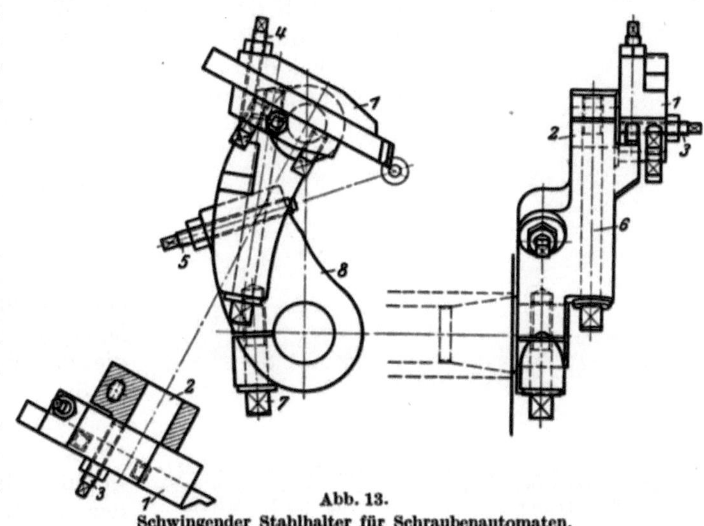

Abb. 13.
Schwingender Stahlhalter für Schraubenautomaten.

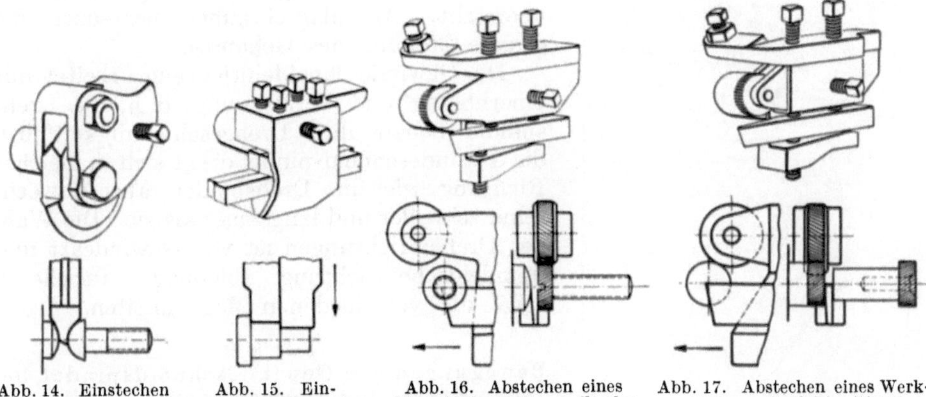

| Abb. 14. Einstechen einer Schraube mit Rundformstahl. | Abb. 15. Einstechen mit zwei Flachstählen. | Abb. 16. Abstechen eines Werkstückes mit voreilender Rändelrolle. | Abb. 17. Abstechen eines Werkstückes mit gleichzeitigem Rändeln. |

die bereits ausgeführte Rändelung nicht mehr genau rund laufen, da mit der neuen Spannung sich die Drehachse etwas verlagert.

Der schwingende und bei Bedarf auch längsbewegliche Werkzeugträger dient zum Drehen längerer zylindrischer oder kegeliger Zapfen, die im Einstechverfahren nicht hergestellt werden können, da die Einstechmesser zu breit würden. Durch geschickte Anordnung der Werkzeuge können verschiedenste Längsarbeiten mit Radial- oder Tangentialschneidstählen mit oder ohne Gegenführung ausgeführt werden. Durch gleichzeitige axiale und radiale Bewegung des Werkzeugträgers werden Kurven oder Kegelflächen erzeugt. Der Werkzeugträger kann im Laufe einer Bearbeitung auch mehrere Schwenk- und Längsbewegungen ausführen, es lassen sich daher mehrere Werkzeuge an dem einen Halter anordnen. Abb. 18 zeigt eine solche Ausführung, bei der an dem Halter der Werkstoffanschlag, ein Zentrierbohrer und ein Spiralbohrer sitzen, die in dieser Reihenfolge nacheinander zur Bearbeitung kommen. Bei längeren Werkstücken, bei denen fliegende Bearbeitung Schwierigkeiten macht, kann dem Schneidwerkzeug auch eine Führungsbüchse vorgelagert werden (Abb. 19), durch die das Werkstück abgestützt wird.

Dem umlaufenden Werkstück gegenüber steht eine Spindelaufnahme (Abb. 1), in der wahlweise eine Gewindeschneideinrichtung oder eine

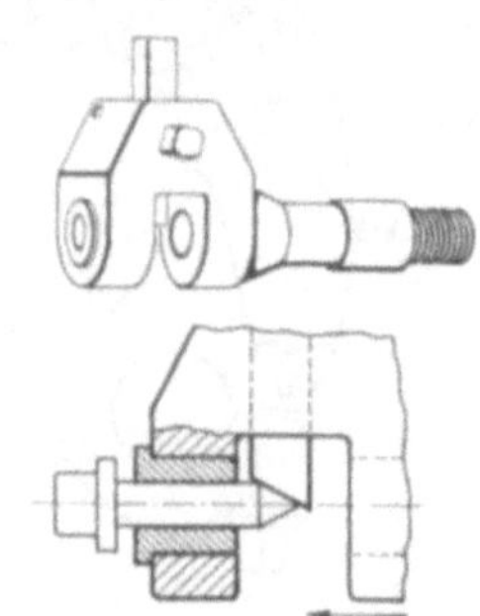

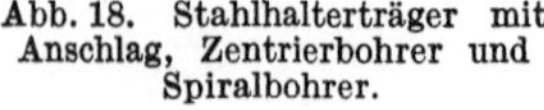

Abb. 18. Stahlhalterträger mit Anschlag, Zentrierbohrer und Spiralbohrer.

Abb. 19. Langdrehstahlhalter mit Führungsbüchse für das Werkstück.

Bohreinrichtung aufgenommen werden kann. Einige Maschinen haben auch beide Einrichtungen nebeneinander. Diese sind dann in einem Gehäuse untergebracht (Abb. 20), welches von der Kurvenscheibe e über Hebel d und Ritzel c so geschwenkt wird, daß einmal die eine und dann die andere Einrichtung der Drehspindel gegenübersteht. Anschlagschrauben begrenzen die genaue Stellung des Gehäuses.

Die Gewindeschneideinrichtung arbeitet mit Überholung und Verzögerung, d. h. die Drehspindel behält ihre Drehgeschwindigkeit bei, die Gewindeschneidspindel dreht sich in gleicher Richtung wie die Drehspindel, aber abwechselnd schneller und langsamer als sie. Die Wahl der Dreheinrichtungen ist von Gewindeart und Spindeldreheinrichtung abhängig. Tabelle 2 zeigt die verschiedenen Möglichkeiten.

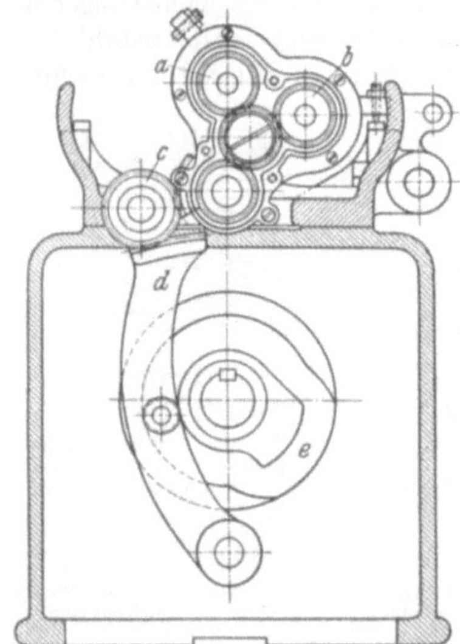

Abb. 20. Aufnahme von Bohr- und Gewindeschneideinrichtung (Pittler).

a = Bohrung für Bohreinrichtung; b = Bohrung für Gewindeschneideinrichtung; c = Schaltrad für gemeinsames Gehäuse von a und b; d = Schalthebel; e = Kurvenscheibe zur Durchführung der Schaltung, die eine der beiden Einrichtungen vor die Drehspindel schaltet.

Tabelle 2.
Bewegungen der Gewindeschneidspindel bei der Herstellung verschiedener Gewinde.

Gewinde-richtung	Werkstück-drehrichtung	Gewindespindel dreht sich in Richtung der Werkstücke	
		Schneidgang	Rücklauf
rechts	rechts	langsamer	schneller
links	rechts	schneller	langsamer
rechts	links	schneller	langsamer
links	links	langsamer	schneller

Mit dieser Gewindeschneideinrichtung läßt sich Außen- und Innengewinde herstellen, und bei gleicher Gewindesteigung auch Schneideisen und Gewindebohrer zusammen in einem Halter verwenden, so daß gleichzeitig zwei Gewinde gedreht werden. Die Schnellbohreinrichtung (Abb. 21) arbeitet mit einer zusätzlichen Drehung, indem sie sich dem Werkstück entgegendreht. Auf die zer-

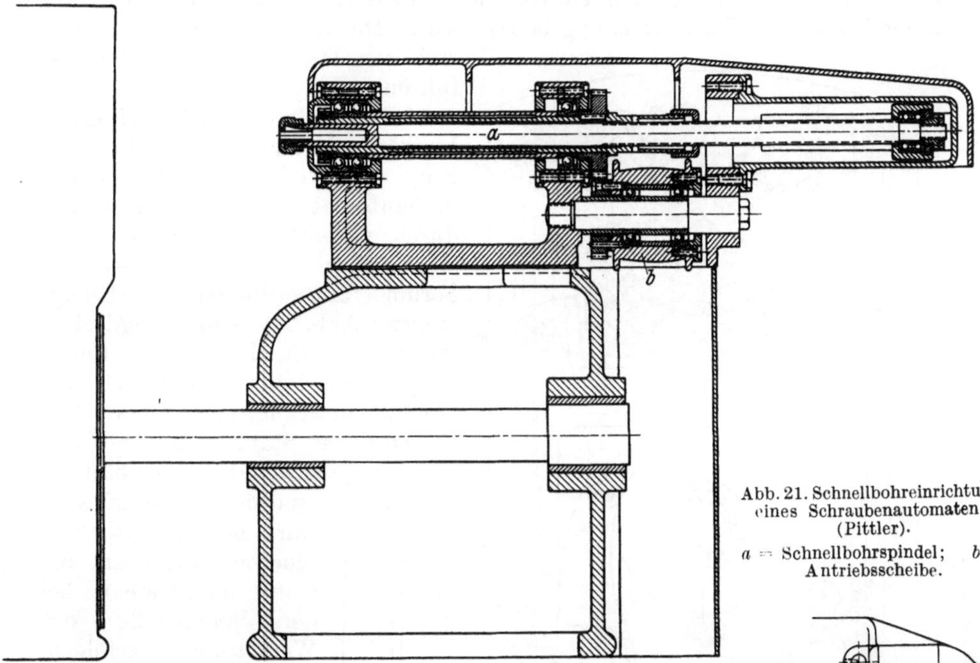

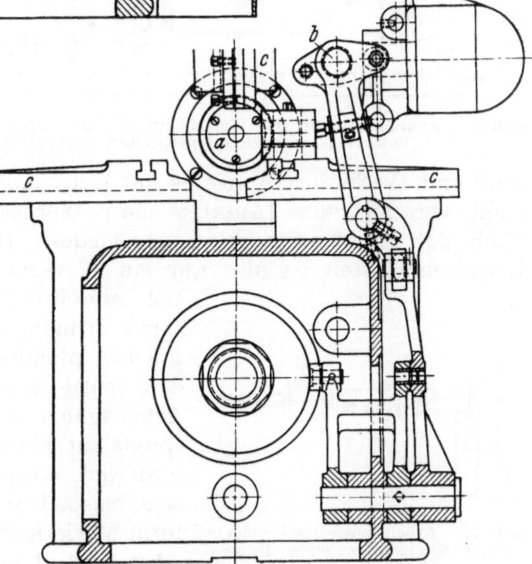

Abb. 21. Schnellbohreinrichtung eines Schraubenautomaten (Pittler).

a = Schnellbohrspindel; b = Antriebsscheibe.

spanungstechnische Bedeutung wird noch eingegangen.

Ein Form- und Schraubenautomat muß fertige Werkstücke liefern, wenn er voll wirtschaftlich arbeiten will. Die gedrehten Schrauben müssen also noch geschlitzt oder wenigstens der Abstichbutzen an der Rückseite entfernt werden. Um dies zu erreichen, wird das abgestochene Werkstück weiter bearbeitet. Ein ähnlich den Werkzeugträgern längs- und querbeweglicher Greiferarm mit einer geschlitzten Greiferbüchse (Abb. 22) erfaßt das Werkstück kurz vor dem Abstich, schwenkt es nach dem Abstich von der Drehspindel weg und führt es der Schlitzeinrichtung oder Säge zu. Nach Erledigung dieses Arbeitsganges wird das nunmehr fertige Teil durch einen Ausstoßer aus der Greiferbüchse geschoben und fällt in einen Sammelkasten. Alsdann kann das nächste Stück abgegriffen werden.

Abb. 22. Schraubenautomat mit Greifer für Schlitzeinrichtung (Pittler).
a = Drehspindel; b = Greifer zur Schlitzeinrichtung; c = Querschlitten.

Bei anderen Maschinen sind an Stelle der schwingenden Werkzeugträger Schlitten vorhanden (Abb. 22), die sich radial zu den Werkstücken bewegen. Die Arbeitsweise wird dadurch aber nicht geändert. Für Langdreharbeiten wird auf einen der Querschlitten ein zusätzlicher Langdrehschlitten aufgesetzt, der von einer Kurvenscheibe unabhängig bewegt wird. Die vorstehend beschriebenen Arbeiten lassen sich also alle ausführen.

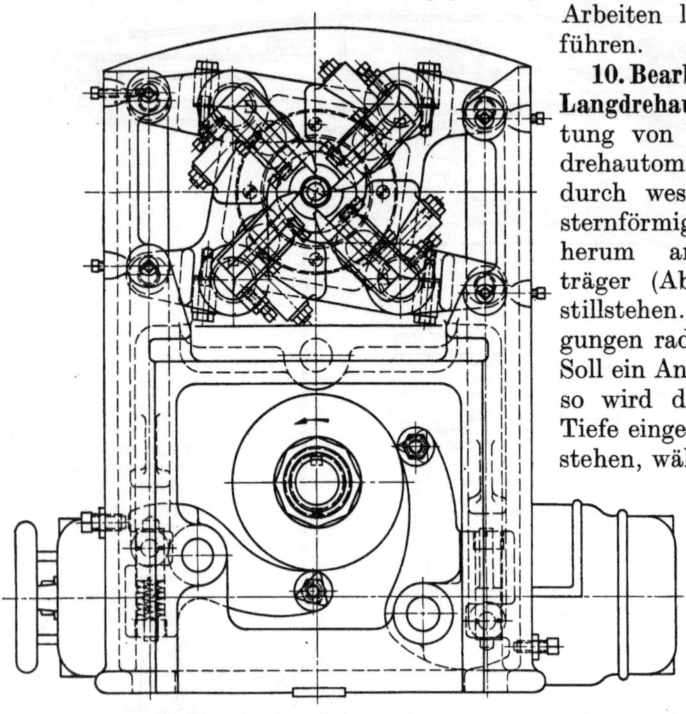

10. Bearbeitungsmöglichkeiten auf Langdrehautomaten. Die Bearbeitung von Werkstücken auf Langdrehautomaten gestaltet sich dadurch wesentlich anders, daß die sternförmig um die Drehspindel herum angeordneten Werkzeugträger (Abb. 23) beim Langdreheu stillstehen. Sie führen nur Bewegungen radial zum Werkstück aus. Soll ein Ansatz langgedreht werden, so wird der Stahl radial bis auf Tiefe eingeschwenkt und bleibt dann stehen, während der Werkstoff vorwärts bewegt wird. Für Querbearbeitungen, die stets unmittelbar bei der Spannstelle des Werkstoffes erfolgen, steht dieser still und die Werkzeugträger bewegen sich radial.

Abb. 23. Anordnung von vier Werkzeugträgern mit Drehstählen um die Spindel eines Langdrehautomaten herum (Pittler).

Diese Art der Bewegungen zwischen Werkzeug und Werkstück bringt es mit sich, daß mit ein und demselben Langdrehstahl verschiedenste Ansätze eines Werkstückes langgedreht werden können (Abb. 24), auch wenn diese verschiedene Durchmesser haben. Für alle diese Langdreharbeiten ist also nur ein Werkzeugträger erforderlich. Ebenso lassen sich alle Einstiche gleicher Breite mit einem einzigen Einstechstahl ausführen, der zudem noch Flächen plandrehen kann. Dadurch lassen sich mit den meist 4 oder 5 Werkzeugträgern recht viele Arbeitsgänge durchführen, für die bei anderen Einspindelautomaten sehr viele Werkzeugträger erforderlich wären. Einer der Werkzeugträger läßt sich beispielsweise mit einem Formstahl für einen formschwierigen Einstich, ein weiterer mit einem Abstechstahl besetzen.

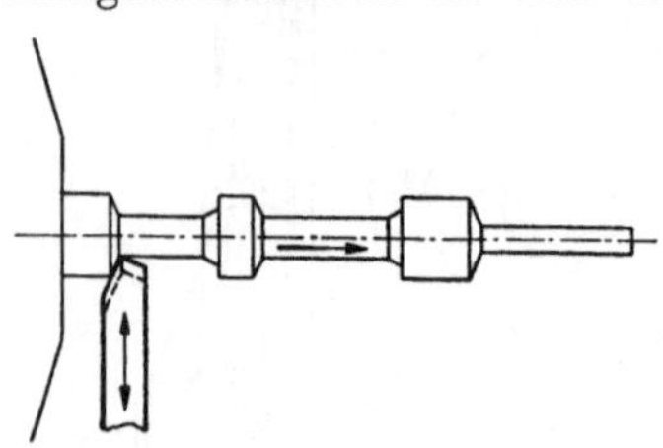

Abb. 24. Arbeitsmöglichkeit eines einzigen Drehstahles eines Langdrehautomaten.

Wenn eine langgedrehte Fläche geschruppt und geschlichtet werden soll, werden Schrupp- und Schlichtstahl mit nur wenigen Zehntel Millimeter Abstand hintereinander, aber an verschiedenen Werkzeugträgern, angeordnet. Dadurch wird die Schlichtfläche praktisch ohne Zeitverlust gedreht.

Auch bei den Einspindel-Langdrehautomaten wird der Arbeitsbereich durch besondere Einrichtungen vergrößert, von denen die Gewindeschneideinrichtung die wichtigste ist. Da sie, ebenso wie die Schnellbohreinrichtung und die Schlitzeinrichtung mit Greifer, denen bei den Formautomaten entspricht, erübrigt sich eine besondere Behandlung. Schnellbohreinrichtung und Gewindeschneideinrichtung können auch nebeneinander verwendet werden.

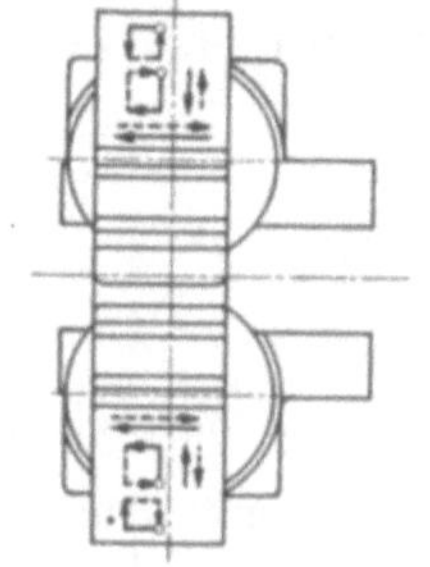

Sehr wichtig bei der Beurteilung der Bearbeitungsmöglichkeiten ist die Tatsache, daß die Art der Langdrehautomaten ein gleichzeitiges Lang- und Plandrehen unmöglich macht. Sobald also Flächen zu planen sind oder Einstiche gemacht werden sollen, muß das Werkstück axial still stehen. Es muß sorgfältig geprüft werden, wie weit Bearbeitungen nach der einen oder anderen Art ausgeführt werden müssen bzw. können. Ein Vorstechen des Abstichs kann daher im Langdrehverfahren nicht vorgenommen werden. Man wird den Abstich also radial vorstechen, wenn andere Planarbeiten auszuführen sind.

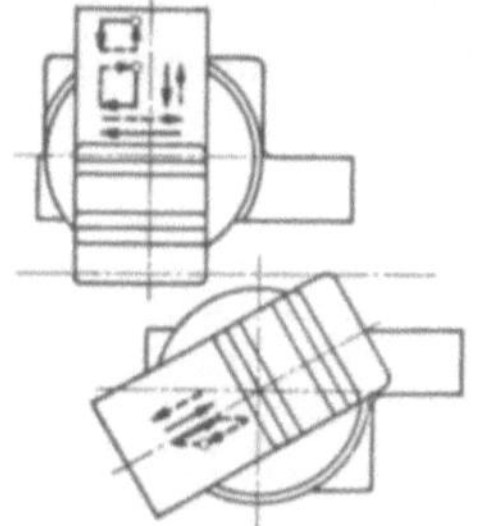

11. Bearbeitungsmöglichkeiten auf Vielstahlautomaten.

Ein Vielstahlautomat der geschilderten Art ist mit $2 \cdots 4$ Werkzeugschlitten ausgerüstet, in der Mehrzahl der Fälle mit 2 Stück. Die Bearbeitungsmöglichkeiten sind nun dadurch gegeben, daß diese Schlitten in allen möglichen Richtungen arbeiten können, also nicht nur längs oder quer zur Drehachse. Die Antriebe dieser Schlitten sind vielmehr so eingerichtet, daß sie um 360° schwenkbar sind. Es ergibt sich dadurch eine außerordentliche Vielseitigkeit von Anwendungsmöglichkeiten, von denen in Abb. 25 vier Beispiele dargestellt sind. Eine weitere Bearbeitungsmöglichkeit ist durch die Größe der Schlitten gegeben, auf denen ohne Schwierigkeit eine Vielzahl von normalen Drehstählen befestigt werden kann, so daß es leicht möglich ist, ein Werkstück trotz der nur vorhandenen 2 Werkzeugschlitten gleichzeitig mit $12 \cdots 15$ Drehstählen zu bearbeiten.

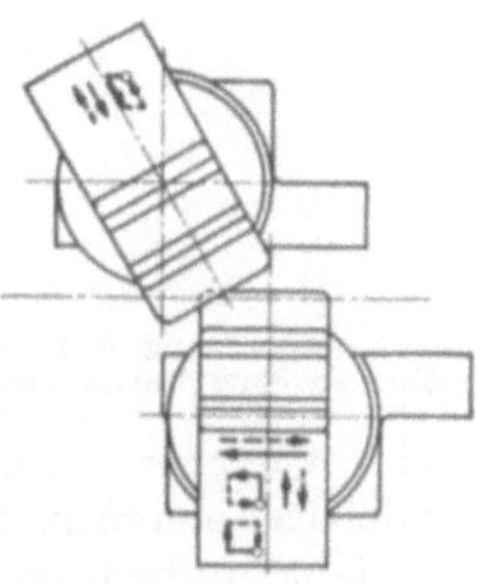

Besonders wertvoll hinsichtlich der Arbeitsmöglichkeiten sind Vielstahlautomaten mit Plattentisch, einem großen flachen Tisch, der im Eilgang auf das Werkstück zu bewegt wird, und dort während der Arbeitszeit stehenbleibt. Auf diesen Plattentisch können nach Bedarf einzelne Schlitten aufgeschraubt werden, die von einer zentralen Welle aus über Kugelgelenke angetrieben werden. Dabei ist die Möglichkeit gegeben, bei größeren Werkstücken $4 \cdots 6$ Einzelschlitten zu verwenden, wodurch die Zahl der Arbeitsgänge sehr groß wird.

Die Bearbeitung selbst, also die Einwirkung der Drehstähle auf die Werkstücke, zeigt bei diesen Automaten keinerlei Besonderheiten.

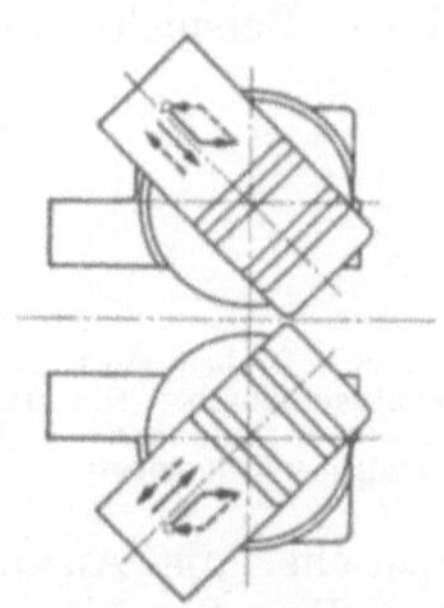

Abb. 25. Bewegungsmöglichkeiten der Schlitten eines Einspindel-Vielstahlautomaten.

12. Bearbeitungsmöglichkeiten bei Revolverautomaten.

Die Bearbeitungsmöglichkeiten auf Einspindel-Revolverautomaten sind wesentlich größer als bei den bisher beschriebenen Maschinen, da 2 oder 3 Querschlitten und 1 Revolverkopf mit 4···6 Spannstellen für Werkzeuge zur Verfügung steht. Entsprechend den Bewegungen dieser Schlitten sind die Bearbeitungen durchführbar. Vom Revolverkopf aus werden alle Arbeiten ausgeführt, die mit reiner Längsbewegung erreichbar sind, also Zentrieren, Bohren, Nachbohren, Aufreiben, Überdrehen mit Radial- oder Tangentialstählen mit oder ohne Gegenrollen, Rändeln (Abb. 26) und ähnliche Arbeiten. Außerdem gibt es Werkzeuge zum Planeinstechen.

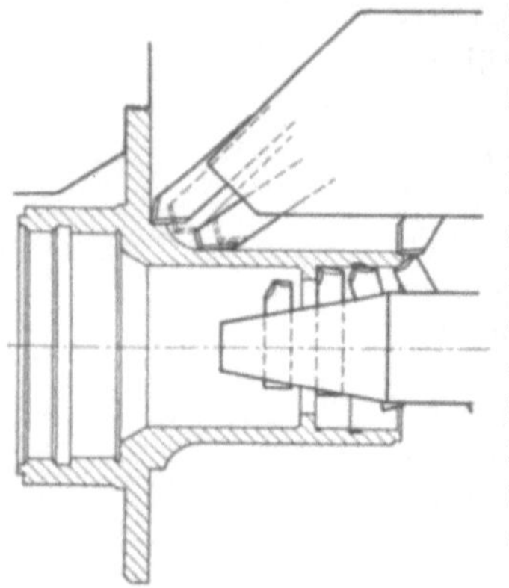

Abb. 26. Rändeln eines Werkstückes mit Längsbewegung.

Mit den Querschlitten, die sich senkrecht zur Dreh achse der Werkstücke bewegen und unabhängig voneinander sind, werden alle Querbearbeitungen gemacht. Dazu gehören Einstiche mit Flachstählen und Formarbeiten mit Rundformstählen, Rändeln von der Seite her, Beschriften mit einer Schriftrolle und endlich Abstechen. Rundformstähle wendet man stets dann an, wenn verwickelte Formen mit engen Grenzmaßen, genauen Radien und Winkeln und genauen Durchmesserdifferenzen zu drehen sind. Sie sind zwar in der Herstellung teuer, behalten dafür aber beim Nachschleifen genau ihr Profil, so daß die Werkzeuginstandhaltung wesentlich vereinfacht wird.

Die Werkzeugträger der meisten Revolverautomaten sind groß genug, um mehrere Werkzeuge gleichzeitig aufnehmen zu können. Es wird also mit Werkzeuggruppen gearbeitet, und dadurch die Zahl der Arbeitsgänge noch bedeutend vergrößert. Abb. 27 zeigt die Längsbearbeitung mit gleichzeitig 7 Stählen als Beispiel für günstige Zusammenfassung mehrerer Drehstähle. Ebenso können Spiralbohrer mit Stichelhäusern zum Außenüberdrehen vereinigt werden.

Durch Zusammenfassung der Längs- und Querbewegung der verschiedenen Schlitten in einem Werkzeug, oder durch Umsetzen der Längsbewegung

Abb. 27. Anordnung mehrerer Drehstähle an einer Revolverkopfseite.

in eine Querbewegung oder durch andere Hilfsmittel ist es möglich, auf Einspindel-Revolverautomaten die verschiedenartigsten Dreharbeiten auszuführen, die nicht unbedingt parallel oder senkrecht zur Drehachse liegen müssen. Einige Beispiele sollen dies verdeutlichen. Kegel innen oder außen an einem Werkstück kann man mit axialem Vorschub durch geeigneten Anschliff des Schneidstahles (Abb. 28) herstellen. Günstiger ist es aber, wenn der Stahl schräg geführt wird (Abb. 29), indem man den Stahlhalter am Revolverkopf vom Querschlitten aus zusätzlich bewegt. Für Einstiche in einer Bohrung, die für Gewinde-

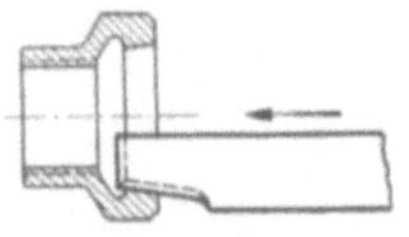

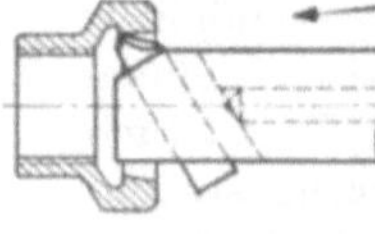

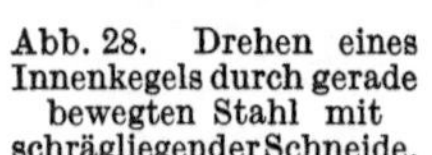

Abb. 28. Drehen eines Innenkegels durch gerade bewegten Stahl mit schrägliegender Schneide.

Abb. 29. Drehen eines Innenkegels durch schräg bewegten Drehstahl.

freistiche, als Ausdrehung zwischen Kugellagersitzen oder als Kugellaufbahn eines Kugellagerringes erforderlich sind, wird das Werkzeug nacheinander erst axial mit dem Revolverkopf und dann radial vom Querschlitten aus bewegt (Abb. 30). Einen anderen Weg für die Fertigung solcher Einstiche zeigt Abb. 31. Mit dem Revolverkopf wird ein Stahlhalter *a* bewegt, der um eine Achse *b* drehbar den vorderen Stahlträger *c* trägt. Dieser hat an einer Seite eine Rolle *d* und den Einstechstahl. Durch den Längsvorschub mit dem Revolverkopf wird die Rolle *d* gegen die Stirnfläche des Werkstückes gedrückt und festgehalten.

Der vordere Stahlträger *c* kippt nun durch die Weiterbewegung des Revolver-kopfes um *b* und drückt so den Stahl radial in das Werkstück. Beim Rück-gang des Revolverschlit-tens wird durch eine Feder die ursprüngliche Lage wieder hergestellt.

Für Außenarbeiten hinter einem Bund, die für Einstecharbeit zu breit sind, verwendet man Langdrehschlitten, die mit einem Quer-schlitten radial hinter dem Bund angesetzt werden und dann vom Revolverkopf aus oder unabhängig längs ge-führt werden. Aller-

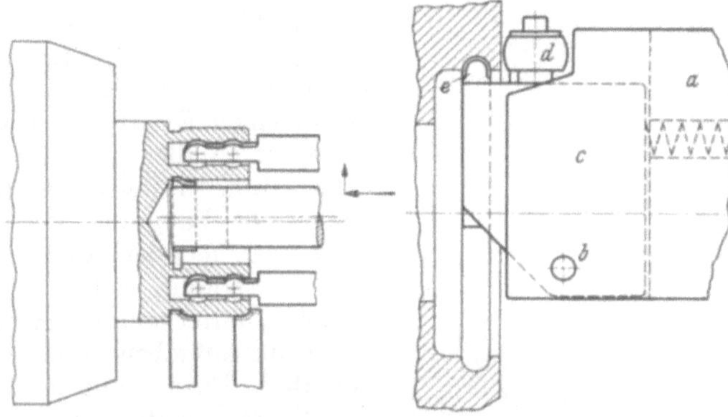

Abb. 30. Einstechen von Kugellauf-bahnen mit Einstechstählen.

Abb. 31. Drehen eines Freistichs durch Anlauf der am Stahlhalter *c* angebrachten Rolle *d*. Der Stahlhalter führt dabei um den Drehpunkt *b* eine Drehbewegung aus.

a = Werkzeugträger; *e* = Werkzeug-schneide.

dings fällt der Querschlitten für sonstige Querbear-beitung aus. Muß hinter dem Bund aber eine Kurve oder ein Kegel gedreht werden, so läßt sich ein ein-facher Langdrehschlitten nicht mehr verwenden, es muß dann ein Kopierschlitten benutzt werden. Bei diesem (Abb. 32) wird mit dem Revolverkopf der Stahlhalter *a* vorbewegt, der radial verschieblich den Stahlträger *b* führt. Dieser Stahlträger hat am obe-ren Ende eine gehärtete Schneide, die bei Längs-bewegung des Halters mit dem Revolverkopf an einer feststehenden Kurve *c* entlang gleitet und deren Form über den Stahlträger *b* mit dem Drehstahl auf das Werkstück überträgt. Der Stahlträger wird stets durch eine innen liegende Feder gegen die Kopier-kurve gedrückt.

Rückzugfreie Drehflächen lassen sich erreichen, wenn der Drehstahl in dem Stahlhalter beweglich angeordnet (Abb. 33) und durch eine Feder von der Drehfläche abgehoben wird. Beim Arbeits-gang überwindet der Schnittdruck den Feder-druck und bringt den Schneidstahl in die richtige Arbeitsstellung.

Die Vielseitigkeit der Bearbeitungsmög-lichkeiten durch praktische Werkzeuggestal-tung soll noch an dem Beispiel eines Kugel-drehapparates gezeigt werden. Zur Fertigung des in Abb. 34 gezeigten Werkstückes wird wieder mit dem Revolverkopf der Stahlhalter *a*

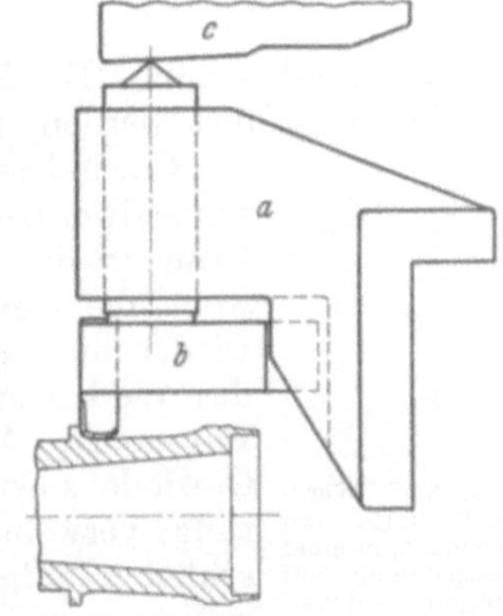

Abb. 32. Kopierdrehen für äußere Kegelform.

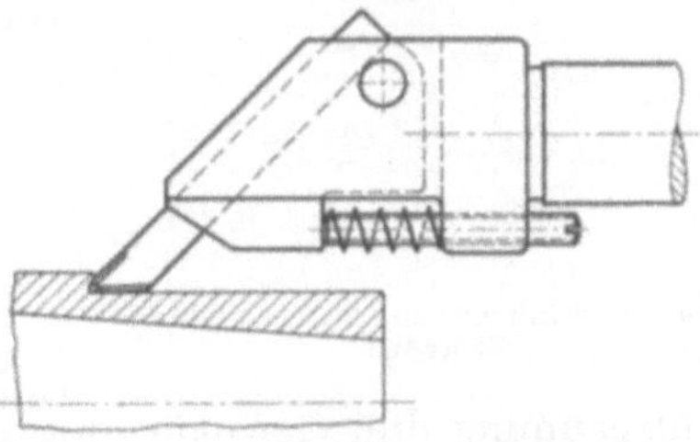

Abb. 33. Bewegliche Stahlanordnung für rückzugfreie Drehflächen.

längs bewegt, in dem radial beweglich der Stahlträger *b* mit Kugeldrehstahl *c* sitzt. Außerdem trägt der Stahlhalter *a* ein drehbar gelagertes Zahnsegment *d*, welches mit einer feststehenden Zahnstange *e* kämmt und bei der Längsbewegung des Revolverkopfes auf ihr abrollt. Der Teilkreis des Zahnsegmentes entspricht dem Kugeldurchmesser. An dem Zahnsegment befindet sich auf dem Teilkreis ein Stift f, der in einer waagerechten Nute des Stahlträgers b gleitet und diesen bei Drehung des Zahnsegmentes radial bewegt. Durch die Längsbewegung des Revolverschlittens wird nun der Kugeldrehstahl längs bewegt und gleichzeitig über das Zahnsegment radial, so daß der Kugeldrehstahl mit seiner Spitze genau einen Kreisbogen beschreibt.

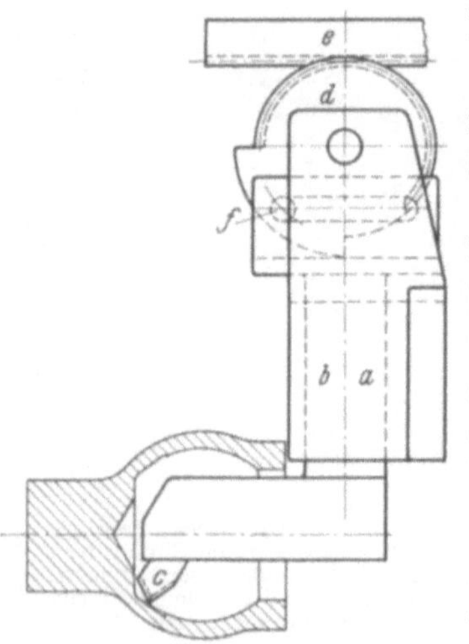

Abb. 34. Drehen einer Innenkugel vom Revolverschlitten aus.

Nicht an allen Revolverschlitten lassen sich derartige Einrichtungen ansetzen. Es ist dies eine Frage der Baugröße, des Platzes für die Schaltbewegung und der Anordnung der Revolverachse. Die Darstellung soll auch nur zeigen, wie Werkzeuge gestaltet werden müssen, um schwierige Bearbeitungsaufgaben zu lösen. Die in jedem Fall verwendbare Einrichtung muß aus den Baugrößen des Revolverautomaten entwickelt werden.

Auch Zusatzeinrichtungen lassen sich zur Erweiterung der Arbeitsbereiche verwenden. Die wichtigste ist dabei die Gewindeschneideinrichtung. Hier ist es nicht möglich, bei gleichbleibender Spindeldrehzahl mit überholender Gewindeschneidspindel zu arbeiten, da diese in dem Revolverkopf nicht gelagert werden kann. Die langsame Drehbewegung muß vielmehr von der Drehspindel ausgeführt werden, und ebenso die schnelle gegenläufige für den Ablauf des Gewindeschneidwerkzeuges von dem Gewinde. Das Gewindeschneidwerkzeug, welches also im Revolverkopf fest gelagert ist, kann wieder aus mehreren Werkzeugen zusammengesetzt sein, wenn die Gewinde gleiche Steigung haben. Es lassen sich aber wieder nur Gewinde herstellen, die durch reine Längsbewegung des Werkzeuges erreichbar sind, also nicht hinter einem Bund.

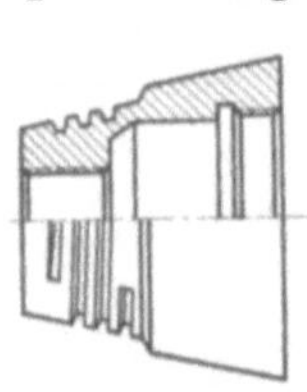

Abb. 35. Werkstück mit drei Gewinden, in einer Aufspannung auf Einspindel-Revolverautomat gedreht.

Für solche Aufgaben sowie zur Herstellung besonders genauer Gewinde sowie für Steilgewinde wird eine Gewindestrehleinrichtung verwendet, die bei Einspindelautomaten auf dem Querschlitten aufgebaut und von diesem an das Werkstück herangeführt wird. Bei gleichzeitiger Verwendung von Gewindeschneid- und Strehleinrichtung lassen sich an einem Werkstück in einer

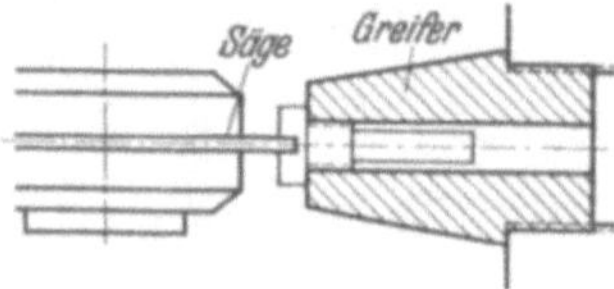

Abb. 36. Schlitzen einer fertiggedrehten Schraube.

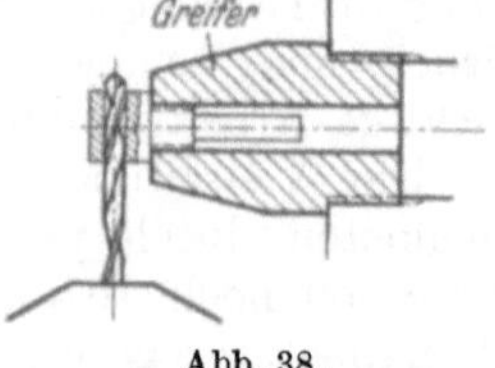

Abb. 37.

Abb. 38.

Abb. 37 u. 38. Bohren der rückwärtigen Stirnfläche und Querbohren einer fertiggedrehten Schraube. Der Greifer muß für diese Arbeiten als Spannbüchse ausgebildet werden, damit die Werkstücke für den Arbeitsgang festgehalten sind.

Aufspannung drei Gewinde fertigen, wie Abb. 35 erkennen läßt.

Eine Schnellbohreinrichtung zur Verwendung von dünnen Bohrern bei ausreichender Schnittgeschwindigkeit kann im Revolverkopf angeordnet werden und wird über Kegelräder angetrieben.

Für die Nachbearbeitung der von der Stange abgestochenen Werkstücke werden diese von einem Greifer abgenommen und der Zusatzeinrichtung zugeführt. Diese kann je nach Gestaltung Schraubenköpfe schlitzen (Abb. 36) oder Abstechbutzen absägen, die Abstechseite des Werkstückes mit einer Bohrung versehen (Abb. 37) oder eine Querbohrung ausführen (Abb. 38). Nach diesen Arbeitsgängen werden die nunmehr vollständig fertigen Werkstücke aus dem Greifer ausgestoßen und in einem Sammelbehälter gesammelt.

IV. Maschinenauswahl.

13. Berücksichtigung der Werkstücke. Sollen für eine bestimmte Fertigung oder für bestimmte Werkstücke Einspindelautomaten beschafft werden oder soll die Fertigung auf vorhandenen Maschinen durchgeführt werden, so muß eine sorgfältige Auswahl der bestgeeigneten Maschinen erfolgen, damit die Fabrikation mit größtmöglicher Wirtschaftlichkeit abläuft. Ausgangspunkt jeder solchen Prüfung müssen die Werkstücke sein, die zur Bearbeitung kommen sollen. Das in der Bearbeitung schwierigste Teil sowie das mit den größten Außenmaßen wird maschinenbestimmend, denn wenn mehrere Teile auf einer Maschine gedreht werden sollen, muß diese auch für das schwierigste und größte ausreichen. Durch dieses sind also die Hauptmaße der auszuwählenden Maschine, besonders ihr Werkstoffstangendurchlaß festgelegt, sowie die Art der Maschine, also ob Schrauben- oder Revolverautomat. Es muß aber schon bei der ersten Planung berücksichtigt werden, ob mit späteren Änderungen des Werkstückes zu rechnen ist, durch welche die Hauptmaße beeinflußt werden. Ist das der Fall, dann muß eine Reserve in die Arbeitsbereiche der ausgewählten Maschine gelegt werden.

Sind die einzelnen Werkstücke nicht in solchen Mengen zu fertigen, daß für jedes eine besondere Maschine beschafft werden kann, so muß geprüft werden, ob mit der Maschine für das größte und schwierigste Teil auch die anderen herstellbar sind. Dabei ist zu beachten

a) ob die Maschinenbelegung die Fertigung weiterer Teile zuläßt,

b) ob der Arbeitsbereich der ausgewählten Maschine die Fertigung der weiteren Teile ermöglicht.

c) ob die Herstellung der weiteren Teile auf der Maschine wirtschaftlich und damit vertretbar ist.

Zu a) Die Berechnung der Stückzeit des schwierigsten Teiles sowie seine monatlich erforderliche Stückzahl ergibt die Maschinenbelegung. Daraus ergibt sich dann, ob weitere Werkstücke auf der gleichen Maschine hergestellt werden können. Dabei soll man eine monatliche Fertigungszeit von höchstens 450 Stunden bei Doppelschicht ansetzen, da stets ein gewisser Zeitbetrag für Instandsetzungen und Nebenarbeiten abgeht. Wird das Werkstück Abb. 35 bei einer Stückzeit von 1 min monatlich 5000 mal gefertigt, so ist der Automat nur etwa 100 Stunden belegt und steht noch 350 Stunden für andere Arbeiten zur Verfügung.

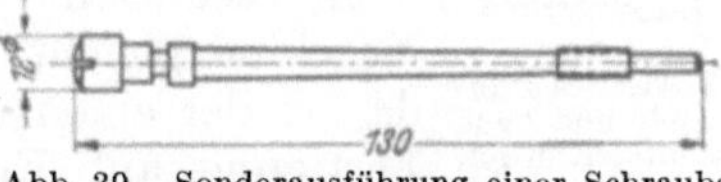

Abb. 39. Sonderausführung einer Schraube von großer Länge.

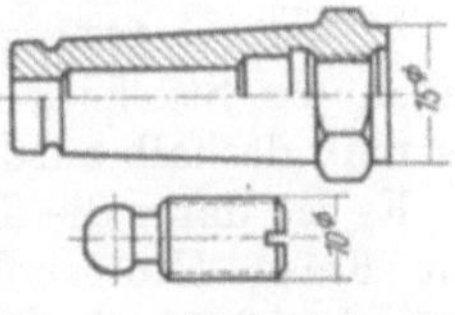

Abb. 40. Werkstücke für kleinen Revolverautomaten.

Zu b) Es ist nun zu untersuchen, ob die anderen Werkstücke auf dem großen Revolverautomaten für Teil Abb. 35 überhaupt herstellbar sind. Für die lange dünne Sonderschraube Abb. 39 ist das beispielsweise abzulehnen. Die Starrheit dieses Werkstückes ist so gering, daß fliegende Bearbeitung unmöglich ist. Die beiden Werkstücke Abb. 40 dagegen lassen sich ihrer Größe wie auch ihrer Arbeitsgänge nach auf der Maschine herstellen.

Zu c) Nunmehr ist aber zu überrechnen, ob die Herstellung auch mit ausreichender Wirtschaftlichkeit erfolgt. Es ist verständlich, daß eine große Maschine mit schwerem Revolverkopf eine viel längere Nebenzeit (Schaltzeit) benötigt als eine kleine Maschine. Fernerhin liegen die Spindeldrehzahlen mit Rücksicht auf die größeren Werkstücke nicht hoch genug, um bei kleinen Werkstücken befriedigende Schnittgeschwindigkeiten zu erreichen. So kann es leicht vorkommen, daß die Stückzeit eines kleinen Teiles 3···4mal so groß wird wie bei Herstellung auf der bestgeeigneten Maschine. In solch krassen Fällen kann es sich als günstiger ergeben, die schwere Maschine zeitweise leerstehen zu lassen, und kleine Teile auf einer kleinen, dafür geeigneten Maschine zu drehen.

Vielfach läßt sich auch schon durch geeignete Gestaltung der Werkstücke oder Auswahl der Ausgangsform eine Einheitlichkeit erreichen, die eine Fertigung auf gleicher Maschine ermöglicht. Häufig lassen sich Gesenkteile, die für einen Futterautomaten bestimmt sind, ohne Verluste aus Werkstoffstangen herstellen, und so auf Stangenautomaten drehen, die für andere Teile bereits da sind. Häufig ist aber auch das Gegenteil der Fall, und das soll besonders erwähnt werden, da die Bedeutung vielfach übersehen wird. Vielfach kann man Teile, die aus Stangen geformt werden, als Gesenkteile ausbilden und spanlos verformen. Dabei erspart man Werkstoff, die Bearbeitung geht wegen der geringeren Zugaben schneller, der Werkzeugverbrauch ist kleiner und die Verlustzeit des Automaten ebenfalls kleiner, weil das Einführen der neuen Stangen in Wegfall kommt und das Magazin mit den Gesenkteilen während der Arbeitszeit gefüllt wird. Betriebserfahrungen haben bewiesen, daß selbst bei kleineren Werkstücken wie Fahrradteilen, die jeder zunächst als Stangenarbeit ansprechen würde, durch Übergang zu Gesenkteilen Kosten gespart werden konnten. Allerdings setzt dies ausreichend große Serien voraus, die eine Abschreibung der Gesenk- und Unterbaukosten ermöglichen.

Bei einer Maschinenauswahl müssen also in gleicher Weise die geeignete, wirtschaftlich arbeitende Maschine bestimmt und die Werkstücke in die für die Fertigung geeignete Form gebracht werden.

14. Wirtschaftlichkeit von Sondereinrichtungen. Die Art der Fertigung auf Einspindelautomaten bringt es mit sich, daß Nachbearbeitungen aller Art ohne Beeinflussung der Nebenzeit ausgeführt werden können, da hierfür Sondereinrichtungen zur Verfügung stehen, die diese Arbeitsgänge an dem schon von der Werkstoffstange abgetrennten Werkstück ausführen. Die Fertigungszeit einer am Kopf geschlitzten und einer nichtgeschlitzten Schraube (Abb. 41) ist also auf der gleichen Maschine gleich, lediglich der Maschinenpreis wäre verschieden, da bei der einen noch die Schlitzeinrichtung erforderlich ist. Die Fertigung auf Einspindelautomaten, bei denen ein Greifer die Werkstücke während des Abstichs erfaßt und der Sondereinrichtung zuführt, steht im Gegensatz zu anderen Maschinenarten, bei denen die Stückzeit um die Zeitdauer derartiger Arbeitsgänge verlängert wird. Es muß deshalb ausdrücklich darauf hingewiesen werden.

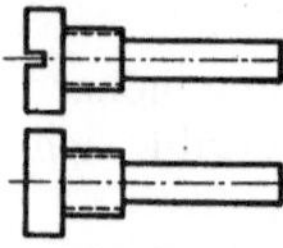

Abb. 41. Schrauben mit und ohne geschlitzten Kopf, die bei der Fertigung gleiche Zeit erfordern.

Es ist dann die Frage zu prüfen, ob solche Sondereinrichtungen, von denen nur Fräs-, Hinterbohr- und Querbohreinrichtung genannt werden sollen, die Betriebssicherheit der Maschine beeinträchtigen können. Auch das kann bei dem Stand der jetzigen Entwicklung verneint werden. Die Sondereinrichtungen sind ebenso betriebssicher wie die Maschinen selbst und können zudem durch Stillsetzen des Greifers jederzeit außer Betrieb gesetzt werden. Dann wird das abgestochene Werkstück eben nicht abgegriffen, sondern fällt so von der Spindel ab. Die Arbeitsweise der Maschine selbst wird also in keiner Weise berührt.

Sondereinrichtungen bei Einspindelautomaten sind deshalb so weit wie irgend möglich zu verwenden, da sie die Wirtschaftlichkeit steigern, ohne betriebliche Nachteile zu haben.

V. Das Einstellen der Automaten.

15. Werkzeug- und Einstellpläne. Die Leistung eines Einspindelautomaten hängt wesentlich von einer günstigen Einstellung ab, also von der Wahl und Anordnung der Werkzeuge, der Länge der einzelnen Arbeitswege, der günstigen Unterteilung der Zerspanungsarbeit, der richtigen Wahl der Kurven für die selbsttätigen Bewegungen, besonders auch der Werkzeugbewegungen, und vielen anderen Punkten, die jeder für sich oft nur eine Kleinigkeit sind, in ihrem Zusammenwirken aber einen großen Einfluß auf die Form, das Aussehen und die Dauer der Arbeitszeit eines Werkstückes nehmen.

Für jede einzelne Einstellung ist zunächst ein Plan mit genauer Angabe der einzelnen Arbeitsgänge aufzustellen (Abb. 42), der die Verteilung der Werkzeuge auf die einzelnen Werkzeugaufnahmen bzw. Revolverkopfseiten angibt und so die Reihenfolge der Arbeitsgänge festlegt. Dabei ist als oberster Grundsatz stets zu beachten, daß zur Erzielung kurzer Arbeitszeiten möglichst viele Arbeitsgänge gleichzeitig erfolgen, daß also Revolverschlitten und Querschlitten gleichzeitig arbeiten, und in ersterem mehrere Werkzeuge zusammen eingespannt sind. Um dabei eine gegenseitige Behinderung der arbeitenden Werkzeuge auszuschließen, muß zu jeder Revolverkopfstellung eine Seitenansicht der Spindel mit den Werkzeugen gezeichnet werden, wie es in Abb. 43 als Beispiel für eine Spindel durchgeführt ist. Man wählt dabei die ungünstigste Werkzeugstellung, also das Ende des Arbeitsganges, weil die Werkzeuge und Halter dann am dichtesten beieinander stehen.

Nach diesem Werkzeugplan, der unabhängig von dem Fabrikat des Einspindelautomaten ist und nur dessen Ausrüstung mit Längs- und Querschlitten, Zahl der Revolverkopfseiten und vorhandenen Sondereinrichtungen berücksichtigt, werden die Einzelzeichnungen der Schneidwerkzeuge sowie der Werkzeughalter angefertigt. Bei den Schneidwerkzeugen ist die Drehrichtung der Drehspindel sorgfältig zu beachten, da es Maschinen mit rechts- und solche mit linkslaufender Drehspindel gibt.

Der gleiche Werkzeugplan dient mit genauen Maßen versehen der Werkstatt als Unterlage für den richtigen Anbau der Werkzeuge an den Automaten. Er enthält

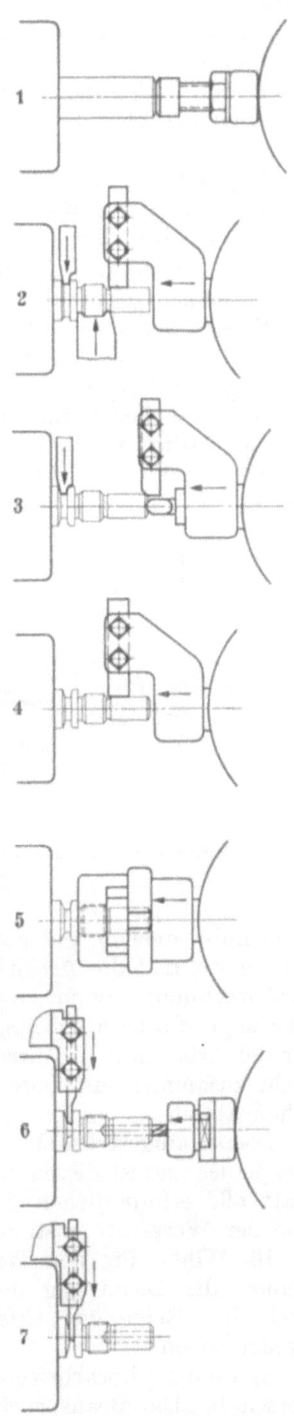

Abb. 42. Werkzeugplan für die Herstellung einer Sonderschraube auf einem Revolverautomaten.

dafür die Abstände der einzelnen Schneidwerkzeuge von festen Punkten, beispielsweise den Revolverkopfflächen, sowie die Maße für das Werkstück in den einzelnen Bearbeitungsstufen, damit der Einsteller unmittelbar sehen kann, welche Spantiefen die einzelnen Werkzeuge abnehmen sollen. Auch die Angaben über Spindeldrehzahl, Vorschubgröße und Stückzeiten sind dem Einstellplan beizufügen.

Bei der Berechnung der Stückzeit an Hand des Werkzeugplanes muß allerdings die Eigenart der gewählten Maschine berücksichtigt werden, da die Form der Steuerung sowie ihr Zeitbedarf den Gang der Rechnung beeinflußt. Angaben hierüber sind in den jeder Maschine vom Hersteller beigegebenen Betriebsanleitung stets sehr genau enthalten und meist durch Berechnungsbeispiele erläutert. Für die Einstellung nach Abb. 42 wird sie unter Annahme einer Steuerung mit Hilfssteuerwelle in Tabelle 3 durchgeführt. Es hat sich nämlich als praktisch erwiesen, derartige Rechnungen in Tabellenform vorzunehmen, weil dabei alle Angaben in übersichtlicher Form zusammengetragen sind.

Die Spalte Nr. 6 der Tabelle enthält Werte, die aus der Maschine heraus gegeben sind und nicht nachgeprüft werden können. Spalte 7 dagegen enthält die Werte, die sich aus den Bearbeitungswerten (Schnittgeschwindigkeit und

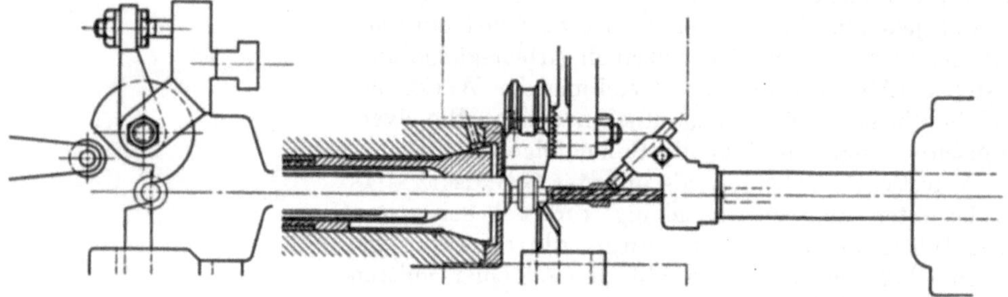

Abb. 43. Seitenansicht zu einem Arbeitsgang auf einem Revolverautomaten. Die Seitenansicht läßt erkennen, ob die Werkzeuge sich gegenseitig behindern.

Vorschub) ergeben und auf die Steuerung umgerechnet sind. Besonders zu beachten ist, daß die Arbeitszeit des vorderen und hinteren Seitenschlittens nicht in Anrechnung kommt, da sie mit dem Revolverschlitten zusammenfällt. Das gleiche gilt für zwei Arbeitsgänge des Abstechschlittens, während die beiden letzten für die Arbeitszeit in Anrechnung zu bringen sind. Denn der letzte Abstich darf nicht zusammen mit anderen Arbeitsgängen erfolgen, weil das Werkstück dabei schon abfällt.

Die so aufgestellte Berechnungstabelle vervollständigt die Angaben des Einstellplanes und ist diesem zweckmäßigerweise beizufügen. Dadurch hat die Werkstatt alle erforderlichen Angaben erhalten bzw. offengebliebene Werte können von der Werkstatt bestimmt werden.

16. Winke für den Werkzeugeinsatz. Für die Aufstellung des Werkzeugplanes, die Benutzung der Werkzeuge und deren Anbau an den Automaten sind eine Reihe von Erfahrungen zu beachten, wenn Fehlschläge vermieden werden sollen.

a) Eine Drehbearbeitung mit Längsvorschub ist stets günstiger als mit Quervorschub. Die Beanspruchung des Werkzeuges wird geringer und damit auch die Federung, die Maßungenauigkeiten zur Folge hat. Bei Querbearbeitung ergeben sich zudem häufig sehr breite Stähle, die auch bei kleinstem Vorschub zum Rattern neigen und damit unbrauchbar sind. Sind deshalb breite Aussparungen hinter einem Bund zu machen — eine Arbeit, bei der sehr häufig breite Formmesser verwendet werden — so ist es günstiger, mit einem Lang-

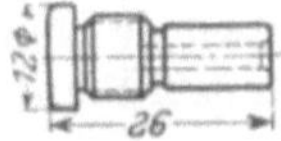

Abb. 44. Sonderschraube.

Tabelle 3. Berechnungsblatt zum Werkzeugplan Abb. 42.

Werstoff: Messing		
Spindelumdrehungen/min	Drehen	3170
	Gewindeschneiden	1585
Schnittgeschwindigkeit m/min	Drehen	120
	Gewindeschneiden	50
Erforderliche Umdrehungen für ein Arbeitstück	422
Arbeitszeit . . . . s	8

Arbeitsgang	Arbeitsweg	Vorschub bei 1 Umdrehung d. Arbeitsspindel	Arbeitsspindel-umdrehungen'		100 stel der Kurvenscheibe			
			für d. betr. Arbeitsstufe	zu berück-sichtigende	für Leerwege	für Arbeits-wege	von	bis
1	2	3	4	5	6	7	8	9
Revolverkopf								
a) Werkstoffvorschub und Anschlag	—	—	—	—	6,5	—	—	6,5
b) Schalten des Revolverkopfes .	—	—	—	—	6,5	—	6,5	13
c) Vordrehen d. Schaftes 8 ⌀ s. W.	13	0,21	62	62	—	14,5	13	27,5
d) Schalten des Revolverkopfes .	—	—	—	—	6,5	—	27,5	34
e) Zentrieren und Kante brechen	2,5	0,2	13	13	—	3	34	37
f) Schalten des Revolverkopfes .	—	—	—	—	6,5	—	37	43,5
g) Schlichten des Schaftes 8 ⌀ s. W.	13	0,31	42	42	—	10	43,5	53,5
h) Schalten des Revolverkopfes .	—	—	—	—	6,5	—	53,5	60
i) Gewinde aufschneiden	8 Gg.	—	16	16	—	4	60	64
k) Gewinde, Rücklauf	8 Gg.	—	8	8	—	2	64	66
l) Schalten des Revolverkopfes .	—	—	—	—	6,5	—	66	72,5
m) Bohren mit Schnellbohrspindel $n = 4000$	16	0,25 (0,11)	64	64	—	15	72,5	87,5
Seitenschlitten								
n) Vorderer Seitenschlitten: Formdrehen des Gewindeschaftes	2,2	0,035	63	—	—	15	10	25
o) Hinterer Seitenschlitten: Vorstechen und Runden des Kopfes	2	0,05	40	—	—	10	26	36
p) Dritter Seitenschlitten:	2	0,12	17	—	—	4	76,5	80,5
Abstechen.	2	0,07	29	—	—	7	80,5	87,5
	2	0,07	29	29	—	7	87,5	94,5
	1	0,1	10	10	—	2,5	94,5	97
q) Zugabe nach dem Abstich . .	—	—	—	—	3	—	—	—
			244		42 +	58 =		100

$$\text{Umdrehungen für ein Arbeitsstück:} \frac{244 \cdot 100}{58} = 422$$

$$\text{Arbeitszeit:} \frac{60 \cdot 422}{3170} = 8 \text{ s}$$

drehschlitten zu arbeiten (Abb. 45), nachdem vorher durch zwei schmale Einstechstähle die Ansetzmöglichkeit für die Langdrehstähle geschaffen wurde, und nicht mit zwei breiten Formmessern.

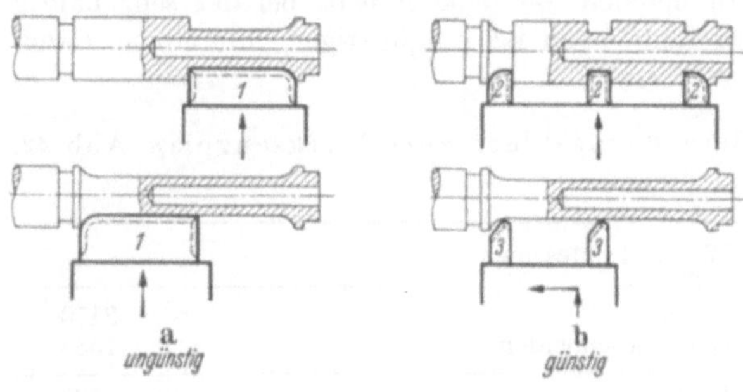

Abb. 45. Gegenüberstellung zweier Bearbeitungsmöglichkeiten einer Fahrradnabe.

a = Einstechen mit zwei schweren Formmessern (*1*);   *b* = Einstechen mit drei schmalen Flachmessern (*2*) und Langdrehen mit zwei Langdrehstählen (*3*). Die Bearbeitung mit Langdrehschlitten ist günstiger.

b) Vor dem Bohren von Löchern ist das Arbeitsstück durch einen kräftigen, kurz gespannten Zentrierbohrer zu zentrieren (Abb. 46), damit die weitere Bohrung nicht verlaufen kann. Der Zentrierbohrer bricht dabei gleichzeitig die Vorderkante der Bohrung. Falsch wäre

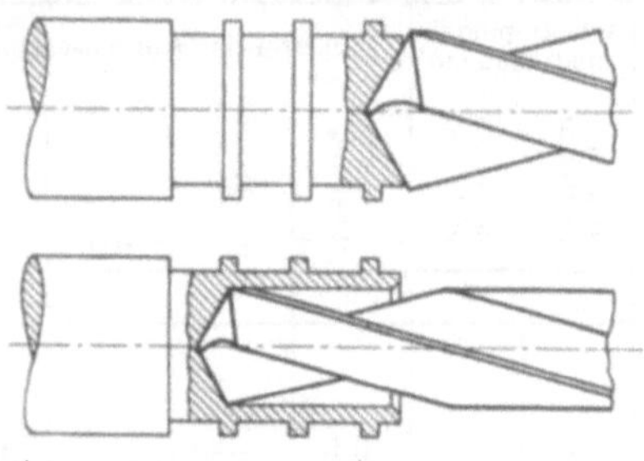

Abb. 46. Zentrieren eines Werkstückes und nachfolgendes Bohren als günstige Bearbeitungsart.

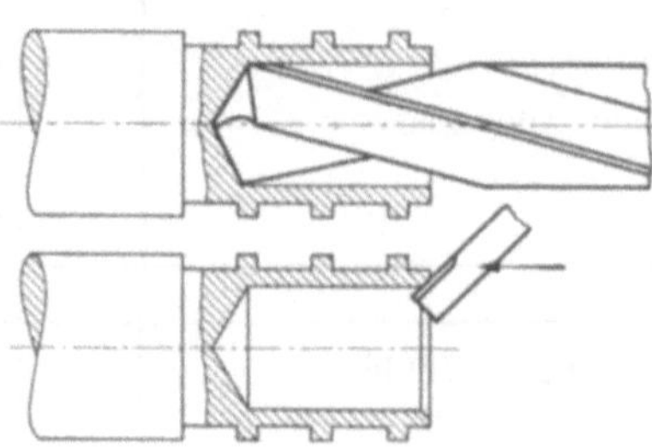

Abb. 47. Bohren eines Werkstückes und nachfolgendes Abschrägen der Kante als ungünstige Bearbeitungsart.

es, die Bohrung unmittelbar auf volle Tiefe zu bringen und durch einen Langdrehstahl die Kante nachträglich zu brechen (Abb. 47).

c) Bei langen Bohrungen ist es zweckmäßig, mit mehreren Bohrern nacheinander zu bohren, sofern genügend Werkzeugstellen am Revolverkopf frei sind. Ist das nicht der Fall, so verhindert man ein Festsetzen des Bohrers durch mehrmaliges Unterbrechen des Arbeitsganges.

d) Für tiefe Bohrungen ist eine Zuführung der Kühlflüssigkeit durch den Bohrer hindurch erforderlich, damit die Schneiden ausreichend gekühlt und die Späne herausgeschwemmt werden.

e) Bei abgestuften Bohrungen wird zunächst die größte Bohrung und dann erst die nachfolgenden kleineren gebohrt, da auf diese Weise Arbeitsweg gespart wird

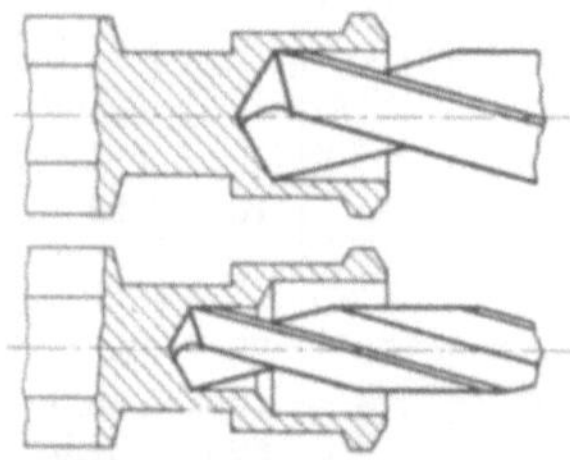

Abb. 48. Nacheinander Bohren der großen Bohrung und dann der kleinen Bohrung als richtige Herstellungsart mit kürzesten Einzelwegen.

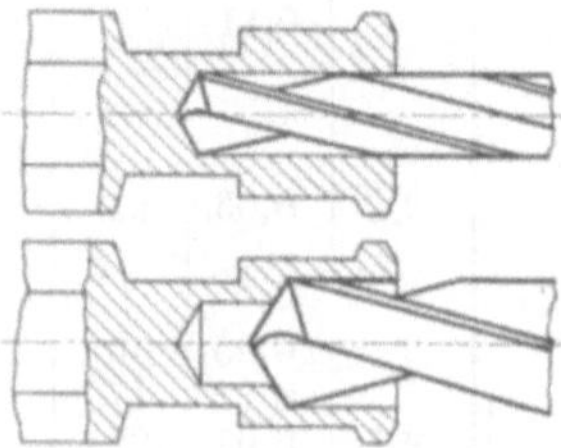

Abb. 49. Bohren der kleinen Bohrung mit unnötig langem Weg und dann Aufbohren der großen Bohrung als ungünstige Herstellungsart.

(Abb. 48). Falsch wäre es, erst eine lange dünne Bohrung auszuführen (Abb. 49), und dann erst den vorderen Teil aufzubohren.

f) Um die Schnittgeschwindigkeit eines besonders kleinen Bohrers sicherzustellen, ohne daß das Werkstück die hohen erforderlichen Drehzahlen ausführen muß, wobei eine gleichzeitige Außenbearbeitung unmöglich wäre, läßt man Bohrer, deren Durchmesser kleiner als $^1/_2$ des Werkstückaußendurchmessers ist, in einer Schnellbohreinrichtung sich zusätzlich drehen. Die Drehbewegung des Bohrers muß dabei der Werkstückdrehung entgegengesetzt sein. Die wirkliche Schnittgeschwindigkeit des Spiralbohrers errechnet sich dann aus der Summe der Drehzahlen von Werkstück und Bohrer und dessen Durchmesser.

Ein Beispiel soll dies verdeutlichen und den Einfluß der höheren Schnittgeschwindigkeit zeigen. Ein Werkstück von 35 mm Außendurchmesser wird mit einer Schnittgeschwindigkeit von 38 m/min bearbeitet, wofür es sich mit 345 U/min dreht. Der Längsvorschub ist 0,14 mm/U. In dieses Werkstück soll eine Bohrung von 8,7 mm Durchmesser gebohrt werden. Bei feststehendem Bohrer wäre dessen Schnittgeschwindigkeit nur 9,5 m/min, während etwa 25 m/min zulässig sind. Gleichzeitig ist der für einen solchen Bohrer zulässige Vorschub von 0,1 mm/U weit überschritten.

Zur Erhöhung der Schnittgeschwindigkeit wird der Bohrer in einer Schnellbohreinrichtung verwendet und dreht sich mit 540 U/min entgegen dem Werkstück. Für seine Schnittgeschwindigkeit ist dann die Drehzahl

$$345 + 540 = 885 \ \text{U/min}$$

maßgebend, so daß die Schnittgeschwindigkeit jetzt mit 24,5 m/min den zulässigen Wert erreicht. Da nun der Längsvorschub von 0,14 mm je Drehspindelumdrehung unverändert bleibt, aber auf die Drehzahl des Bohrers in der Schnellbohreinrichtung umzurechnen ist, verändert sich dessen Vorschub im Verhältnis der Drehzahlen und wird tatsächlich $0,14 \frac{345}{885} = 0,055$ mm/Bohrerumdrehung. Damit bleibt der Vorschub weit unter der zulässigen Grenze.

g) Es ist eine scharfe Trennung zwischen den Arbeitsgängen des Schruppens und Schlichtens vorzusehen, um eine gegenseitige Beeinflussung der Werkzeuge zu verhindern. Alle Flächen müssen zunächst geschruppt sein. Bei dem nachfolgenden Schlichten werden die Flächen dann sauber und gleichzeitig das Werkstück wegen der geringeren Verspannung formrichtig. Rändelungen sind wegen der starken Drücke, die dabei auftreten, stets als Schrupparbeit anzusehen. Bei fertigbearbeiteten Werkstücken würde durch das Rändeln die Gefahr der Verformung bestehen.

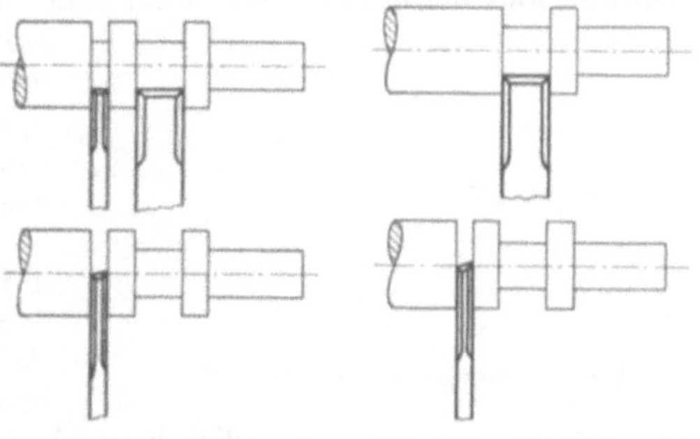

Abb. 50. Vorstechen des Abstichs während anderer Querarbeiten. Der eigentliche Abstechweg wird dadurch kurz.

Abb. 51. Einstechen des Werkstückes und nachträgliches Abstechen durch die ganze Werkstoffstange mit unnötig großem Abstechweg.

h) Bei Querbearbeitungen wird zweckmäßigerweise der Abstich stets schon mit vorgearbeitet (Abb. 50), da dies ohne zusätzlichen Zeitbedarf möglich ist. Der eigentliche Abstichweg ist dadurch kleiner und nimmt weniger Zeit in Anspruch, als wenn die volle Werkstoffstange durchstochen werden müßte (Abb. 51).

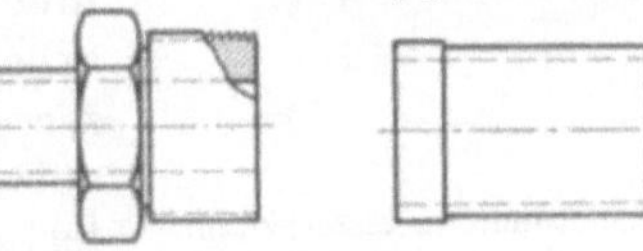

Abb. 52 u. 53. Werkstücke, die ihrer Form wegen nur geringe Verdrehungsfestigkeit haben und bei starken Schnitten von der Werkstoffstange abgerissen werden.

i) Bei dünnwandigen oder stark eingestochenen Werkstücken dürfen schwere Schnitte und besonders auch Gewindeschneiden nur ausgeführt werden, solange das Werkstück noch genügend fest mit der Werkstoffstange verbunden ist und nicht abreißen kann (Abb. 52 u. 53). Der Zeitpunkt der Einordnung des

Gewindeschneidens ist unter Berücksichtigung dieses Punktes sorgfältig zu bestimmen.

k) Flächen, die genau zueinander laufen sollen, wie Kugellagersitze innen und außen an einem Werkstück, werden nach Möglichkeit im gleichen Arbeitsgang geschlichtet, um alle Fehlermöglichkeiten auszuschließen. Man wird sogar versuchen, alle Werkzeuge gleichzeitig anschneiden zu lassen, da jeder spätere Anschnitt eines einzelnen Stahles eine Markierung auf den anderen Arbeitsflächen verursacht.

l) Die einzelnen Schneidwerkzeuge sollen in Form, Anordnung und Stoffart auf gleiche Lebensdauer abgestellt werden. Diese soll für einfache Stähle für Schrupp-Bearbeitung, die sich leicht nachstellen lassen, mindestens eine Schicht betragen, für Formstähle mit genauem Profil dagegen bis zu einer Woche. Schruppstähle lassen sich leicht nachschleifen, das Profil spielt keine Rolle, und auch bei der Einstellung bleiben Unterschiede von weniger als $1/_2$ Millimeter ohne Einfluß. Dagegen ist die hohe Standzeit der Schlichtstähle für die Werkstückgenauigkeit sehr wichtig, da die genaue Einstellung sehr langwierig ist und auch beim Nachschärfen leicht Profilveränderungen vorkommen. Die Standzeitbemessung führt bei Werkstücken, die starke Durchmesserunterschiede aufweisen, dazu, die an großen Durchmessern schneidenden Stähle mit Hartmetall zu bestücken, während die mehr innen schneidenden aus Schnellstahl sein können. Beide Arten Schneidwerkzeuge erreichen dann gleiche Standzeit.

m) Bei der Gestaltung von Schneiden und deren Anordnung innerhalb ganzer Werkzeuggruppen ist auf guten Spanabfluß Rücksicht zu nehmen, damit Werkzeuge und Maschine nicht durch Späne verstopft werden. Der für die Zerspanung günstige Fall langrollender Späne ist für Automaten ungeeignet. Um kurzbrechende Späne zu erreichen, werden die Schneiden mit einem scharfen Treppenabsatz geschliffen und bei breiten Schneiden auch mit Spanbrechernuten versehen. Auch kann man auf den Stahl einen Spanbrecher aufsetzen, an welchem rollende Späne zur plötzlichen Bewegungsänderung und dadurch zum Bruch gebracht werden.

n) Um bei Werkstücken, die nicht durch Greifer abgenommen werden, nach dem Abstechen ein Hängenbleiben auf Bohrern oder zwischen Stählen zu vermeiden, werden Abstreifer vorgesehen, die beim Zurückgehen der Werkzeuge die Werkstücke mit Sicherheit entfernen (Abb. 54).

o) Profile mit mehreren Absätzen, Abrundungen und Winkeln werden durch Formscheibenstähle bearbeitet, die unter Berücksichtigung der Profilverzerrung durch Span- und Anstellwinkel (Abb. 55) entworfen werden. Um eine einfache Werkzeugfertigung zu erreichen, werden nach Möglichkeit gerade Formscheibenstähle verwendet, mit denen aber keine Flächen senkrecht zur Drehachse bearbeitet werden können. Vielmehr muß jede Fläche eine Neigung von mindestens 3° haben, damit am Rundformstahl noch ein ausreichender Freiwinkel vorhanden ist und ein sauberer Schnitt zustande kommt. Wegen dieser Beschränkung ist es vorteilhaft, Planarbeiten an senkrechten

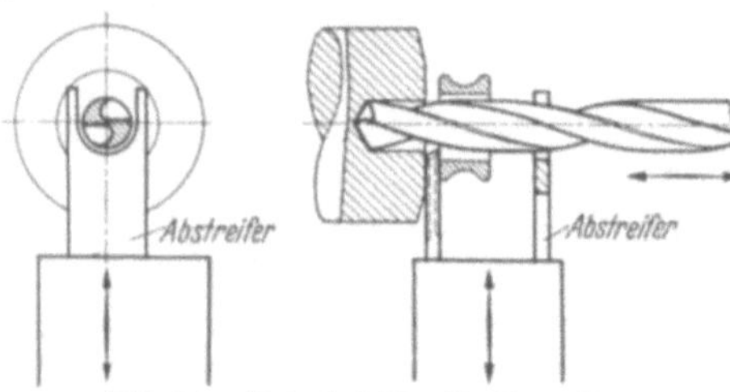

Abb. 54. Abstechstahl mit Abstreifer.

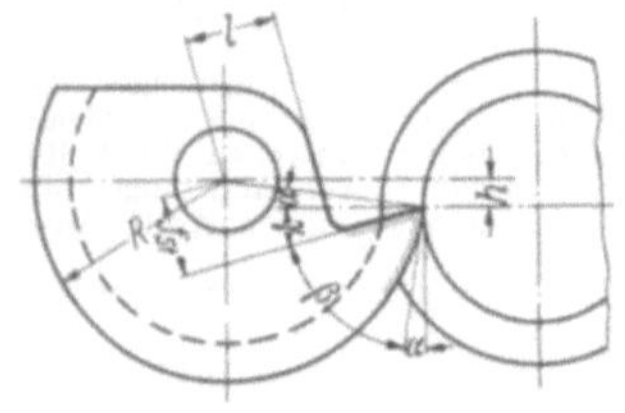

Abb. 55. Rundformeinstechstahl.

h = Überhöhung der Stahlmitte über Werkstückmitte; f_{st} = Abstand der Schneidefläche von der Stahlachse; α = Freiwinkel; γ = Spanwinkel.

Flächen sowie Ein- und Freistiche mit Flachstählen auszuführen, nachdem alle anderen Formen mit Formscheibenstählen bearbeitet sind.

Läßt es sich ausnahmsweise nicht vermeiden, auch senkrechte Flächen mit einem Formscheibenstahl zu drehen, so muß dieser axial hinterdreht werden (Abb. 56). Dann genügt es beim Einsetzen des Stahles nach dem Nachschärfen aber nicht mehr, nur die Höhe einzustellen, sondern auch die seitliche Stellung muß eingerichtet werden, da sich die Stahlschneide beim Nachschärfen axial verschiebt.

Ein Formscheibenstahl ist sehr einfach nachzuschleifen, da sein Profil dabei nicht verändert wird, wenn nur die Span- und Anstellwinkel genau eingehalten werden. Das ist aber der Fall, wenn das Maß f_{st} (Abb. 55) erhalten bleibt. Hierzu bedient man sich am einfachsten einer Schleif- und Prüflehre, welche in der Stahlbohrung aufgenommen wird und sich mit der Schneidfläche genau decken muß. Der Stahl wird so lange nachgeschliffen, bis das erreicht ist. Zu jedem einzelnen Formscheibenstahl muß deshalb eine solche Schleiflehre zur Verfügung stehen, die mit der gleichen Nummer gezeichnet wird und jederzeit greifbar ist.

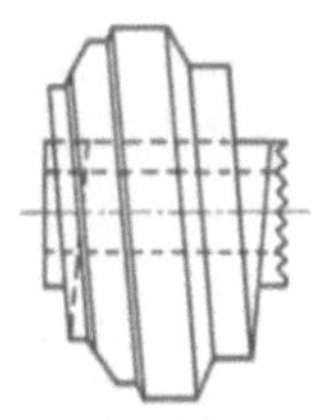

Abb. 56. Axial hinterdrehter Formscheibenstahl zum Drehen von Flächen senkrecht zur Drehachse.

Bei Beachtung dieser Punkte ergeben sich Werkzeugpläne, die den Forderungen der Praxis gerecht werden und betriebssichere wirtschaftlich günstige Arbeitsweise sichern.

17. Spanneinrichtungen. Die Werkstoffspann- und Zuführeinrichtungen sind dem Durchmesser und der Form des Werkstückes anzupassen. Bei Stangenautomaten sind hierfür Spann- und Vorschubpatronen vorgesehen, die über Rohre vom hinteren Spindelende aus betätigt werden. Die einzelnen Patronen sind auswechselbar und müssen dem Stangendurchmesser und Profil entsprechen. Man unterscheidet massive Patronen (Abb. 57 u. 58), bei denen zu jedem Stangendurchmesser eine besondere Patrone erforderlich ist, und solche mit auswechselbaren Einsätzen (Abb. 59). Bei diesen kann derselbe Patronenkörper für verschiedenste Durchmesser verwendet werden. Die Spannpatrone klemmt den Werkstoff und hält ihn gegen die Schnittdrücke. Die Vorschubpatrone befördert die Werkstoffstangen bei geöffneter Spannpatrone vorwärts, während sie bei geschlossener Spannung auf dem Werkstoff zurückgleitet.

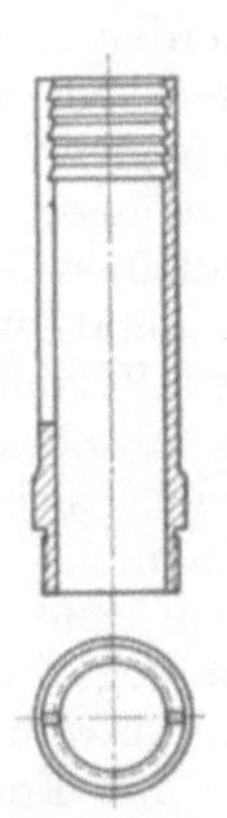

Abb. 57. Vorschubpatrone für Stangenautomaten.

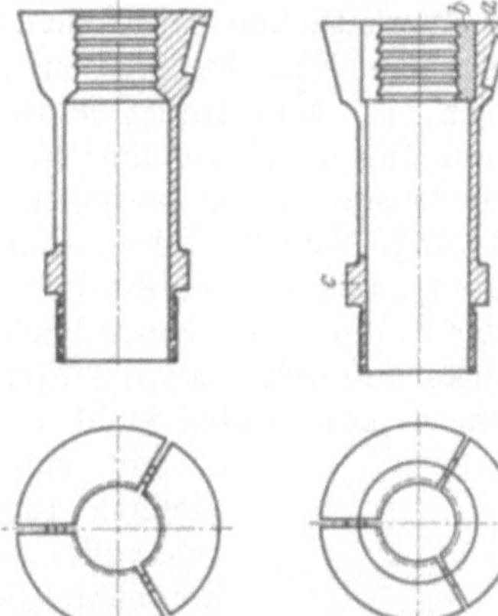

Abb. 58. Spannpatrone für Stangenautomaten mit Zugspannung.

Abb. 59. Spannpatrone mit Spanneinsätzen für Stangenautomaten.

a = Spannpatronenkörper; b = Spanneinsätze; c = Führungsbund der Spannpatrone in der Spindelbohrung.

Bei Langdrehautomaten, die mit Längsvorschub des Werkstoffes arbeiten, fällt der Vorschubpatrone mit dem Vorschubrohr die Aufgabe zu, die Werkstoffstangen zu klemmen und gegen den Schnittdruck vorzuführen. Auch die Drehbewegung der Spindel wird durch die Klemmung der Patrone auf die Werkstoffstange übertragen. Da sich diese Vorschubpatrone aber an stets wechselnder Stelle befindet, das Werkstück aber möglichst nahe bei den Werkzeugen abgestützt werden soll, ist am Spindelkopf des Langdrehautomaten in einem Lagergehäuse eine atmende Führungsbüchse (Abb. 4 u. 60) angeordnet. Diese stützt die Werkstoffstange an stets gleicher Stelle ab und hält

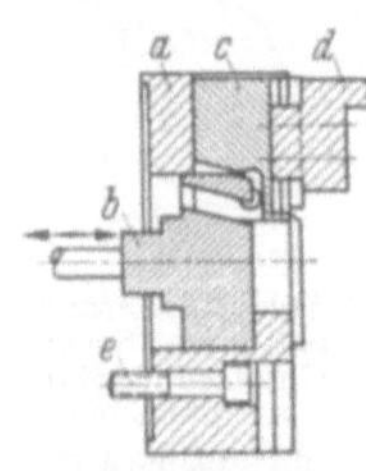

sie gegen Längsbewegung, während die Vorschubpatrone zurückgeht, um den nächsten Werkstoffvorschub vorzubereiten.

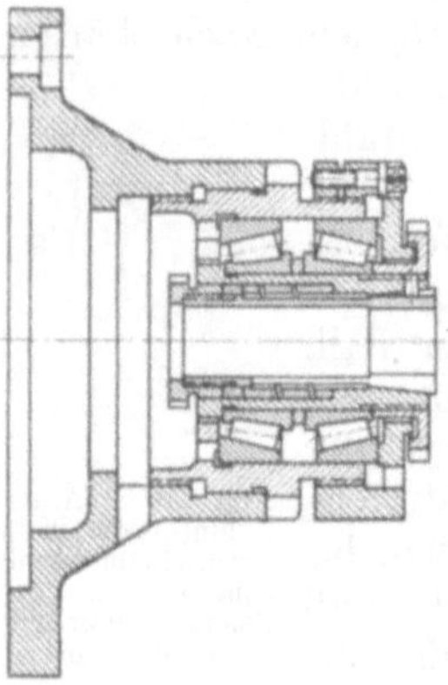

Bei der Selbstanfertigung von Spann- und Vorschubpatronen ist ein gut federnder Werkstoff von 70···80 kg/mm² Festigkeit (St. 70.11) zu verwenden, nach der Bearbeitung zu härten, im hinteren Teil anzulassen und dann fertig zu schleifen. Es ist auf gute Federhärte zu achten, damit die meist dreimal geschlitzten Patronen sicher fassen und lösen. Wichtig ist, daß der Übergang von der Bohrung zum Spanndurchmesser gut abgeschrägt wird, damit die Werkstoffstangen beim Einführen keinen Widerstand finden und die Patronen nicht beschädigen. Die Spannfläche wird mit einer Verzahnung zum sicheren Festkrallen im Werkstoff versehen, die durch ihre Gestalt gegen Verdrehen und Zurückschieben halten muß. Die Bohrung erhält dazu Rillen in radialer und meist auch

Abb. 60. Spindelkopf eines Langdrehautomaten mit atmender Führungs-Spannpatrone.

in axialer Richtung, die im Querschnitt ein sägenartiges Profil ergeben. Dadurch wird der Werkstoff gut gehalten, kann aber bei geöffneter Spanneinrichtung leicht vorgeschoben werden.

Bei Futterautomaten wird die Werkstoffspannung schwieriger, da die Form des Werkstückes berücksichtigt werden muß. Das macht es notwendig, stets besondere Einrichtungen zu schaffen, bei denen zunächst aber die Betätigung gleich ist. Man findet in der Drehspindel eine längsbewegliche Stange, durch deren Zug die Spanneinrichtung geschlossen wird. Diese Stange ist auf die verschiedenste Art zu bewegen. Bei kleinen Maschinen hat man mechanische Betätigung. Sehr häufig ist aber auch Betätigung durch Druckluft oder elektrischen Strom. Letztere haben den großen Vorteil, eine gleich kräftige Spannung bei jeder Stellung der Spannbacken zu gewährleisten. Ein Herausreißen der Werkstücke dadurch, daß die Spannbacken sich in das Rohteil eindrücken und so lockern, kann dabei nicht vorkommen.

Mit elektrischen und pneumatischen Spannern läßt sich vielfach auch eine sog. Zweidruckspannung erzielen. Diese ist wertvoll, wenn dünnwandige Werkstücke zur Bearbeitung kommen, die sich bei kräftiger Spannung verformen. Beim ersten Teil der Bearbeitung, bei dem geschruppt wird, spannt man dann das Werkstück ohne Rücksicht auf Verformung fest. Dann wird die Spannung gelöst und mit geringerem Druck wieder geschlossen. Dabei geht die elastische Formänderung des Werkstückes zurück, und dieses wird nun ohne verspannt zu werden, fertig geschlichtet.

Abb. 61. Dreibackenfutter für Halbautomaten.
a = Futterkörper; b = Zugkolben für Backenbewegung; c = Grundbacke; d = Aufsatzbacke, auf Grundbacke aufgeschraubt; e = Befestigungsschrauben.

Eine große Anzahl von Werkstücken läßt sich in Dreibackenfuttern aufnehmen, wenn dessen Backen der Werkstückform angepaßt sind. Man verwendet dafür Dreibackenfutter mit festen Grundbacken (Abb. 61), auf die Aufsatzbacken aufgeschraubt werden. Zu jeder Einstellung gehört dann lediglich der betreffende Satz Aufsatzbacken, der bei einem Wechsel der Einstellung umgetauscht wird. Bei diesen Aufsatzbacken handelt es sich stets um eine Sonderanfertigung, bei der man auf harte Backen zurückgreifen sollte. Grundbedingung für späteren Rundlauf ist bei der Anfertigung, daß die Spannflächen unter Spanndruck auf dem Futter selbst ausgedreht werden. Um dies ausführen zu können, wird für Außenspannung eine Walze, für Innenspannung ein Ring mitgespannt, die aber jeweils die eigentliche Spannfläche frei lassen. Weiterhin ist darauf zu achten, daß die Backen nicht am ganzen Umfang auf dem gespannten Rohteil aufliegen, sondern nur ein schmaler Streifen. Der Spannflächendurchmesser muß deshalb ein wenig größer sein als der des Werkstückes.

Zum sicheren Halt der Rohteile in den Spannbacken werden die Spannflächen auch mit Zähnen ausgerüstet, die je nach der Art des Werkstückes und seiner Oberflächenempfindlichkeit scharf oder stumpf ausgeführt werden (Abb. 62). Bei Teilen, die an den Spannstellen bereits bearbeitet sind, muß häufig ganz auf Zähne verzichtet werden, um die fertigen Flächen nicht zu verletzen.

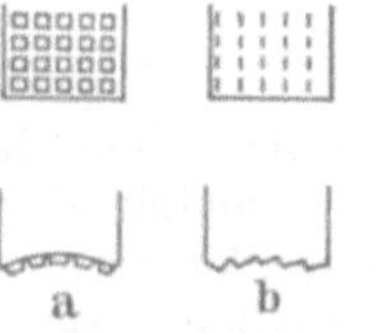

Nach dem Härten werden die einzelnen Backen wegen des unvermeidlichen Verzuges auf die Grundbacken aufgeschraubt und geschliffen. Nur so ist mit genau rundlaufenden Werkstücken zu rechnen.

Abb. 62. Ausführungsmöglichkeiten für Spannflächen von Aufsatzbacken.
a = abgeflachte Spitzen für oberflächenempfindliche Werkstücke; b = scharfe Schneiden zum Einkrallen in Rohteile.

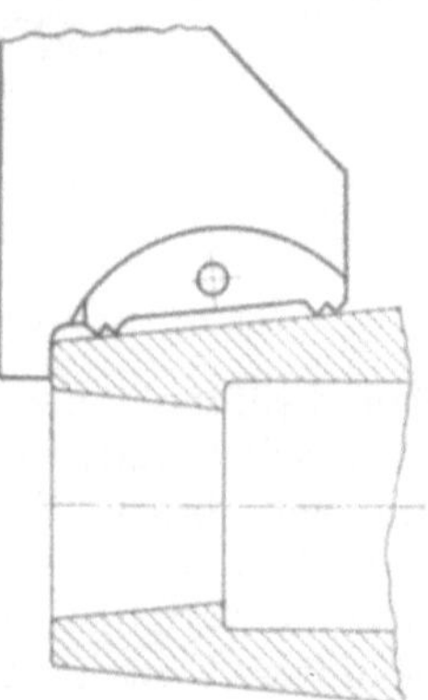

Abb. 63. Schaukelbacke für Dreibackenfutter zum sicheren Halten von Werkstücken mit ungleichmäßiger Außenform.

Sollen im Dreibackenfutter Werkstücke gespannt werden, deren Außenform ungenau ist, etwa weil es rohe Gesenkteile sind, so kann mit sog. Schaukelbacken (Abb. 63) eine sichere Spannung erzielt werden. In jeder Aufsatzbacke ist ein gehärteter mit Spannzähnen versehener Spannteil drehbar gelagert. Die Schaukelmöglichkeit sorgt dafür, daß beide Seiten sicher aufliegen und das Werkstück festhalten.

Für alle Werkstücke, die sich aus irgendwelchen Gründen nicht in Dreibackenfuttern spannen lassen, werden Sonderspanneinrichtungen entworfen, die aber auch meist die Längsbewegung als Spannbewegung ausnutzen. Einige Beispiele zeigen Abb. 64···66. Bei der Verschraubung Abb. 64 muß die Spannung von

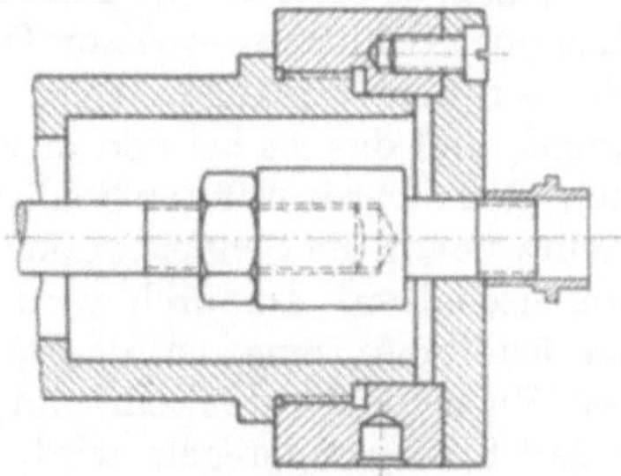

Abb. 64. Spannen eines Gewindestückes mit Gewindedorn.

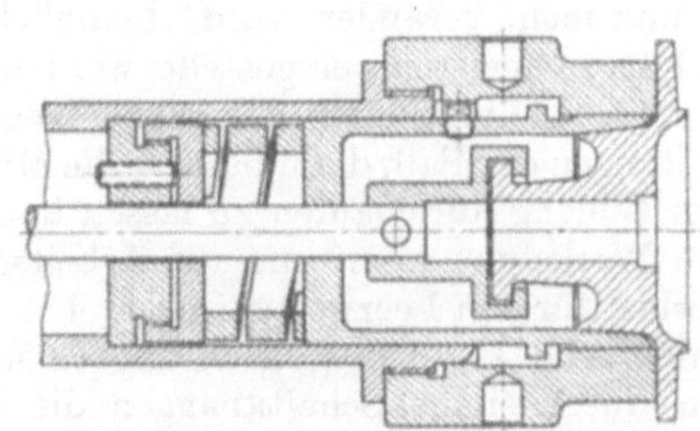

Abb. 65. Spannen einer Nabe mit bearbeitetem Kegel.

dem bereits fertigen Gewinde ausgehen. Deshalb wird das Teil auf einen Gewindebolzen geschraubt und mit seiner hinteren Planfläche gegen die Vorderplatte der Spanneinrichtung gezogen, so daß ein sicherer Halt gegeben ist. Bei Teilen mit schon gedrehten Kegeln können diese als Zentrierung ausgenutzt werden,

3*

wie es bei der Einrichtung Abb. 65 der Fall ist. Das Werkstück wird am hinteren Bund durch einen Schieberiegel gefaßt und festgezogen. Eine Einrichtung für den Kolben einer Verbrennungsmaschine zeigt Abb. 66. Eine Spreizzange faßt hinter einen schon gedrehten Bund im Kolben und zieht ihn an der Stirnfläche der Spanneinrichtung fest.

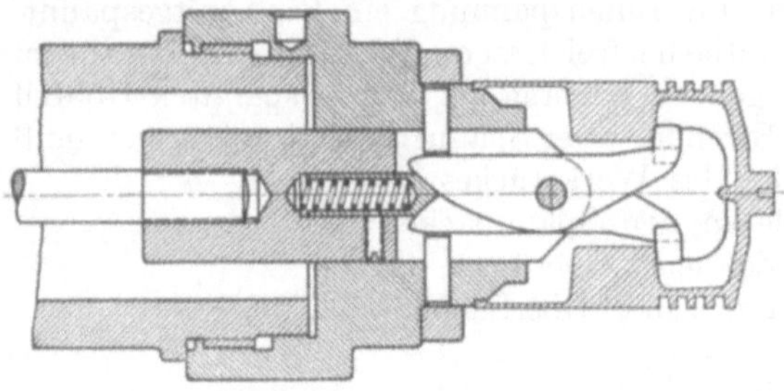

Abb. 66. Spannen eines Kolbens mit Zange.

Bei allen Spanneinrichtungen muß man sich über die erreichbare Genauigkeit klar sein, mit der das eingespannte Werkstück rundlaufen muß und kann. Bei einer neuen Maschine wird vorgeschrieben, daß ein zylindrischer Prüfdorn, der gegenüber dem Nenndurchmesser ein Untermaß von 10 Paßeinheiten hat, auf 150 mm Länge höchstens 0,15 mm schlägt. Im Betrieb wird sich dieser Wert verschlechtern, er muß aber von Zeit zu Zeit durch Nacharbeit wieder erzielt werden. Nur dann kann eine genaue Arbeit von der Maschine verlangt werden. Es ist bei Spannzangen genau darauf zu achten, daß der hintere Zentriersitz spielfrei in der Spindelbohrung gleitet, und ihr Kegel mit dem Spindelkegel übereinstimmt. Der Spindelflansch zur Aufnahme von Spanneinrichtungen und Futtern muß kräftig genug sein, um durch den Spanndruck weder dauernd noch elastisch verformt zu werden. Bei eintretenden Ungenauigkeiten in den Spanneinrichtungen richte man sein Augenmerk in erster Linie auf diese Punkte.

18. Kurvenbestimmung. Außer den Werkzeugen und deren Aufbau auf den Automaten sowie den Spanneinrichtungen für die Werkstücke müssen auch die Schlittenwege bei der Einstellung den erforderlichen Bearbeitungswerten angepaßt werden. Dabei sind zwei grundsätzlich verschiedene Maschinenarten zu unterscheiden, nämlich sog. kurvenlose Einspindelautomaten und solche mit auswechselbaren Kurven.

Bei den kurvenlosen Automaten ist in der Maschine ein Getriebe eingebaut, welches den Werkzeugträger einen bestimmten, stets gleich langen Weg ausführen läßt. Es ist dabei gleichgültig, ob dieses Getriebe mit Rädern oder auch mit einer Kurvenscheibe arbeitet, entscheidend ist, daß es stets in der Maschine bleibt und nicht verändert wird. Lediglich die Lage des Schlittenweges zur Drehspindel kann meistens eingestellt werden, nicht aber die Weglänge. Wird nun bei einer Einstellung nicht der ganze Weg gebraucht, und das ist bei den meisten Einstellungen der Fall, dann besteht die Möglichkeit, den nicht benutzten Schlittenweg im Eilgang durchlaufen zu lassen und erst, kurz bevor die Schneidwerkzeuge an das Werkstück kommen, auf Arbeitsgang umzuschalten. Dadurch wird der Zeitverlust für den Leerweg geringer. Ein so ausgerüsteter Automat ist die Futtermaschine Abb. 11. Die Einrichtung einer solchen Maschine ist denkbar einfach, da nur durch einige Schaltknaggen die Dauer des Eilweges geregelt wird. Die Herstellung besonderer Kurvenscheiben für ein Arbeitsstück ist unnötig. Dafür ist aber die Nebenzeit länger, was bei größeren Werkstücken mit langen Arbeitszeiten aber überhaupt nicht ins Gewicht fällt. Eine Kurvenbestimmung bei Automaten ohne auswechselbare Kurven entfällt also.

Die Mehrzahl aller Einspindelautomaten arbeitet aber mit Kurvenscheiben, die für jedes Werkstück besonders hergestellt werden müssen. Zu jeder Einstellung gehört also der Satz Kurven. Grundlagen für deren Entwurf sind wieder

der Einstellplan und die im Berechnungsblatt zusammengetragenen Zahlenwerte, zumal hierbei schon die einzelnen Bewegungen in hundertstel der Kurvenscheibe aufgeführt sind. Man braucht also nur den Umfang der Kurvenscheibe in 100 gleiche Teile zu teilen, diese als Strahlen nach der Mitte zu ziehen, und kann mit dem Aufzeichnen beginnen.

Schwieriger wird der Fall, wenn die Bewegung etwa über einen Rollenhebel abgeleitet wird. Dieser Fall ist in Abb. 67 dargestellt und die zugehörenden Werte sind in Tabelle 4 zusammengestellt. Die dabei verlangte Bewegung wird von einem Rollen-

Tabelle 4.

Arbeitsgang für Schlitten	Weg mm	100stel der Kurvenscheibe von	bis
Stillstand	0	0	57
Eilvorgang	15 (14,8)	57	62
Stillstand	0	62	63
Arbeitsgang	10 (10,2)	63	76
Stillstand	0	76	77
Eilrücklauf	25	77	82
Stillstand	0	82	100

Abb. 67. Konstruktion einer Kurvenscheibe für Einspindelautomaten.

hebel abgeleitet, dessen Rolle 150 mm von dem Hebeldrehpunkt abliegt, der seinerseits 154 von dem Drehpunkt der Kurve abliegt.

Bei der Konstruktion wird der Eilvorgang um 0,2 mm verkürzt und der Arbeitsgang um 0,2 mm verlängert, damit das Werkzeug mit Sicherheit nicht schon im Eilvorlauf zum Schnitt kommt. Man zeichnet nun um den Kurvenmittelpunkt mit 154 mm Halbmesser einen Kreis, auf dem der Hebeldrehpunkt liegt, und trägt auf diesem Kreis die einzelnen Punkte des hundertstel Umfanges gemäß obiger Tabelle ein. Um jeden dieser Punkte wird nun ein Kreis mit der Hebellänge 150 mm gezeichnet, und vom Kurvenmittelpunkt aus Kreise mit den Hubwegen, die jeweils zu einem Grundradius von 55 mm zugerechnet werden. Die in Tabelle 4 angegebenen Wege ergeben also die in Tabelle 5 aufgeführten Radien vom Kurvenmittelpunkt aus.

Mit diesen Radien ergibt sich das in Abb. 67 gezeichnete Bild und die Form der Kurvenscheibe, deren Drehrichtung durch einen Pfeil angegeben ist. In gleicher Weise müssen die Kurven für jeden einzelnen Werkzeugträger aufgezeichnet werden, bis der ganze Kurvensatz zusammen ist.

Wenn eine der erforderlichen Kurven keine Scheibenkurve ist wie in Abb. 67, sondern eine Trommelkurve, dann wird

Tabelle 5.

Arbeitsgang	Weg mm	Radius mm
Stillstand	0	55,0
Eilvorgang	14,8	69,8
Stillstand	0	69,8
Arbeitsgang	10,2	80,0
Stillstand	0	80,0
Eilrücklauf	25	55,0
Stillstand	0	55,0

die Abwicklung als Rechteck gezeichnet und in 100 Teile geteilt. Der Gang der Zeichnung ist sonst genau der gleiche.

19. Durchführung der Einstellung. Wenn mit der Einstellung eines Einspindelautomaten begonnen werden soll, müssen alle diese Vorarbeiten fertig sein. Außer dem Einstellplan und dem Berechnungsblatt mit allen Maßangaben stehen die Werkzeuge, die Werkzeughalter, die Spanneinrichtung und die Kurven zur Verfügung. Letztere werden zuerst auf die Maschine genommen und für jeden einzelnen

Tabelle 6.

Bearbeitungswerte auf Einspindelautomaten zur Erreichung günstiger Standzeiten bei starren Werkstücken.

| Werkstoff | Schnittgeschwindigkeit in m/min | | | | | Vorschübe in mm/U | | | | | | | |
	Drehen mit Schnellstahl	Drehen mit Hartmetall S 1	Drehen mit Hartmetall S 3	Bohren	Gewinde-schneiden	Längsdrehen	Bohren mit Bohrer ø 5	10	15	20	28	Einstechen mit Formscheiben-stählen	Abstechen
Automatenstahl	50…70	80…140	25…60	35…55	10…15	0,12…0,18	0,10	0,12	0,14	0,16	0,18	0,02…0,06	0,03…0,12
Stahl 50…60 kg	32…40	70…120	20…60	24…30	8…10	0,10…0,15	0,08	0,10	0,12	0,14	0,16	0,02…0,06	0,03…0,10
Stahl 60…85 kg	25…35	40…90	15…50	18…26	7…10	0,10…0,15	0,08	0,10	0,12	0,14	0,16	0,02…0,06	0,03…0,10
Stahl 85…110 kg	20…30	40…70	15…40	15…24	6…8	0,08…0,12	0,05	0,06	0,08	0,10	0,14	0,02…0,05	0,02…0,08
Stahl 110…140 kg	18…25	25…40	10…30	14…20	5…7	0,08…0,12	0,04	0,06	0,08	0,10	0,14	0,02…0,04	0,02…0,08
Stahlguß 50…70 kg	20…30	40…70	20…40	15…24	5…7	0,08…0,12	0,04	0,05	0,07	0,10	0,14	0,02…0,05	0,02…0,08
Grauguß bis 200 Brinell	18…24	Hartmetall G 1:	50…70	14…20	5…7	0,20…0,40	0,10	0,14	0,18	0,22	0,25	0,02…0,08	0,05…0,20
Bronze	80…100		200	60…80	12…20	0,20…0,50	0,10	0,15	0,20	0,25	0,30	0,03…0,10	0,05…0,20
Messing	80…100		200	60…80	12…20	0,20…0,50	0,10	0,15	0,20	0,25	0,30	0,03…0,10	0,05…0,20
Aluminium	100…180		600	70…140	20…40	0,10…0,15	0,08	0,10	0,10	0,12	0,14	0,03…0,10	0,02…0,12

Schlitten der richtige Lauf und die Weglänge überprüft. Dann baut man die Spanneinrichtung an und prüft sie auf genauen Rundlauf.

Nach dem Einführen eines Werkstükkes bzw. einer Werkstoffstange wird mit dem Aufbauen der Werkzeuge auf die einzelnen Schlitten in der Reihenfolge des Einstellplanes begonnen. Dabei läßt man jeden einzelnen Arbeitsgang, ohne daß der Revolverkopf geschaltet wird, so oft durchlaufen, bis die betreffenden Stähle auf genaues Maß schneiden. Stehen dann die ersten Werkzeuge richtig, so geht man an die nächste Seite des Revolverkopfes.

Zum Drehen eines Werkstückes müssen die Spindeldrehzahlen der zulässigen Schnittgeschwindigkeit angepaßt werden. Hierbei ist zu beachten, daß die Schnittgeschwindigkeit auf einem Automaten stets kleiner zu wählen ist, als sonst auf Drehbänken üblich, da bei diesen mit einer Standzeit von einer Stunde gerechnet werden kann, während bei Automaten je nach dem Schwierigkeitsgrad des Werkzeugsatzes eine Standzeit von einer Schicht bis zu einer Woche erforderlich ist. Gute Richtwerte für Schnittgeschwindigkeiten und Vorschübe bei verschiedenen Werkstoffen und Werkzeugen gibt Tabelle 6. Auch praktisch erprobte Vorschübe sind in der Tabelle angegeben. Bei jeder Benutzung ist aber zu beachten, daß die angegebenen Werte sich auf Werkstücke beziehen, die durch ihre Form starr sind. Bei langen dünnen Teilen, bei dünnwandigen oder sonst empfindlichen Stücken sind entsprechend geringere Werte einzusetzen.

Nach erledigter Einstellung wird ein Probelauf vorgenommen, während dem die anfallenden Werkstücke auf Maßgenauigkeit und Oberflächenbeschaffenheit, die Werkzeuge auf Spanentwicklung, Standzeit und Haltbarkeit beobachtet werden. Dabei ist zu berücksichtigen, daß die Werkzeuge sich vielfach nach dem ersten Aufschrauben noch etwas setzen, so daß nach einer gewissen Laufzeit ein Nachstellen der genauen Werkstückmaße an den Schneidstählen erforderlich sein kann.

VI. Arbeitsbeispiele und Leistungsberechnung.

Die Darstellung von Arbeitsbeispielen gibt Anhalte für das Aufstellen von Arbeitsplänen, und es werden deshalb für eine Reihe von Beispielen solche Pläne gezeigt und besprochen. Bei einigen von ihnen werden gleichzeitig Leistungsberechnungen durchgeführt, um auch den Gang dieser Rechnungen verständlich zu machen. Bei der Leistungsberechnung spielen Haupt- und Nebenzeit wichtige Rollen. Die Hauptzeit ergibt sich aus Schnittgeschwindigkeit, Werkstückdurchmesser, Arbeitsweg und Vorschub, kann also genau berechnet werden und ist für jede Maschine, die nach dem Plan eingerichtet wird, gleich. Die Nebenzeiten sind dagegen von Konstruktionseigentümlichkeiten abhängig, in ihrer Dauer für eine bestimmte Maschine gleich, lassen sich aber nicht berechnen, ohne eine bestimmte Maschine anzugeben. Diese Zeiten werden deshalb in den nachfolgenden Beispielen geschätzt nach Werten, die bei den Maschinen für derartige Werkstücke wahrscheinlich sind.

20. Einspindel-Form- und Schraubenautomaten. Bei Einspindel-Form- und Schraubenautomaten sind drei Herstellungsarten möglich, die an dem Beispiel einer Schraube schematisch erklärt werden sollen.

a) Nach dem Vorschieben des Werkstoffes wird auf den bereits vorgedrehten Gewindeschaft das Gewinde aufgeschnitten und die fertige Schraube abgestochen. Gleichzeitig wird mit einem Einstechstahl von der Seite der Gewindeschaft für

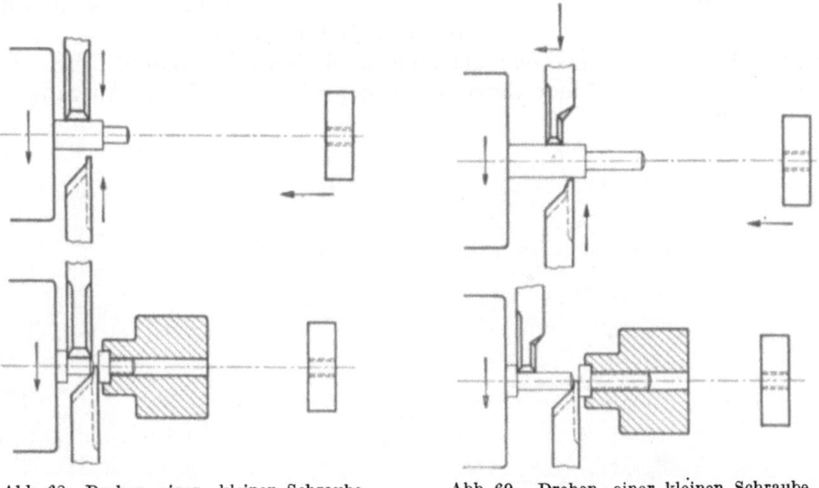

<table>
<tr><td>Abb. 68. Drehen einer kleinen Schraube auf einem Schraubenautomaten im Einstechverfahren.</td><td>Abb. 69. Drehen einer kleinen Schraube auf einem Schraubenautomaten durch Einstechen und Langdrehen.</td></tr>
</table>

die nächste Schraube gedreht (Abb. 68). Schaftdrehen und Gewindeschneiden bzw. Abstechen erfolgen also gleichzeitig.

b) Die Arbeitsweise ist genau wie vorstehend beschrieben, jedoch wird der Gewindeschaft nicht durch Einstechen, sondern durch Langdrehen hergestellt. Der Langdrehstahl sticht erst bis auf Schafttiefe ein und dreht dann lang (Abb. 69). Diese Herstellungsart kommt in Frage, sobald der Gewindeschaft länger als die zulässige Einstechbreite wird.

c) Nach dem Vorschieben des Werkstoffes wird der Gewindeschaft mit einem Langdrehstahl gedreht, daran anschließend das Gewinde geschnitten und die fertige Schraube abgestochen (Abb. 70). Hierbei folgen also Schaftdrehen und Gewindeschneiden nacheinander und nicht gleichzeitig.

Bei der Auswahl zwischen diesen drei Herstellungsmöglichkeiten ist zu beachten, daß das erste Verfahren die höchste Leistung ergibt, das letzte die geringste. Es ist also nur zu verwenden, wenn die anderen Herstellungsarten nicht durchführbar sind.

Einen Werkzeugplan zu a zeigt Abb. 71. Als Werkzeugträger stehen drei Querschlitten zur Verfügung, als Werkzeuge werden angesetzt: 1 Rundformstahl, 1 Einstechstahl, 1 Abstechstahl, 1 Gewindeschneideinrichtung, 1 Greifer mit Schlitzeinrichtung. Die einzelnen Arbeitsbewegungen ergeben sich wie folgt.

Der Rundformstahl geht im Eilvorschub bis auf einen Durchmesser, der 1 mm größer als der Werkstoffdurchmesser ist, also auf 12 mm, wird dann bis auf Bunddurchmesser vorgeschoben, bleibt da einige Werkstückumdrehungen lang stehen und geht im Eilgang in die Ausgangsstellung zurück.

Der Einstechstahl macht die gleiche Bewegung wie der Rundformstahl, geht aber bis auf Gewindedurchmesser vor.

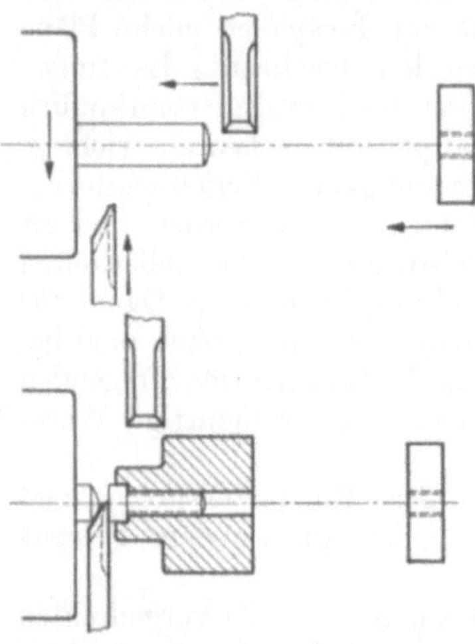

Abb. 70. Drehen einer kleinen Schraube auf einem Schraubenautomaten durch Langdrehen und nachfolgendes Gewindeschneiden.

Das Gewindeschneidwerkzeug geht bis zum Gewindeanschnitt vor, schneidet das Gewinde, läuft von dem Gewinde wieder ab und geht in Ausgangsstellung

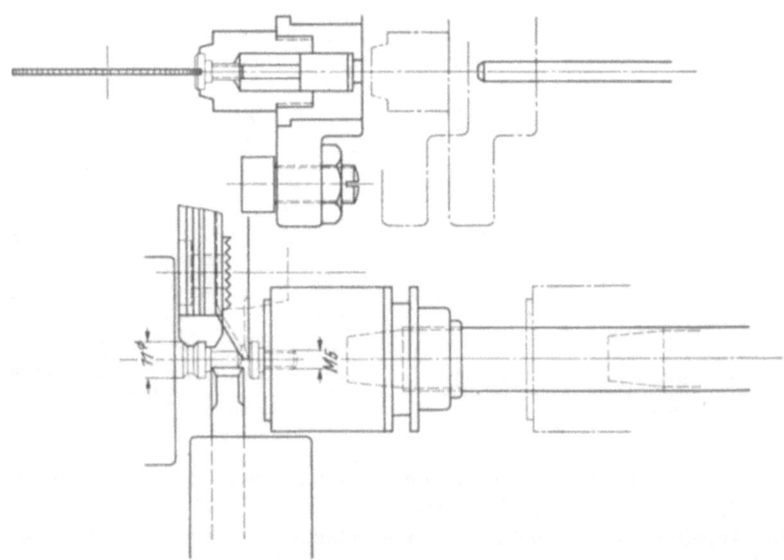

Abb. 71. Werkzeugplan für die Herstellung einer Schraube auf einem Schraubenautomaten. Gewindeschneiden und Abstechen der vorderen Schraube, Schaftdrehen und Kopfformen der hinteren Schraube erfolgen gleichzeitig.

zurück. Dieser Arbeitsgang vereinfacht sich, wenn ein selbstöffnender Gewindeschneidkopf verwendet wird, bei dem das Ablaufen wegfällt.

Der Abstechstahl geht im Eilvorschub bis auf 0,5 mm an das Werkstück heran, sticht bis auf Mitte ab und geht im Eilgang wieder in Ausgangsstellung zurück.

Der Greifarm, der auch den Werkstoffanschlag enthält, muß eine ganze Reihe von Bewegungen ausführen. Es sind dies: Abwärtsschwenken, kurzer Stillstand, Vorgehen zum Abgreifen des Werkstückes, beim Abstechen, Stillstand beim letzten Teil des Abstichs, Aufwärtsschwen-ken mit dem Werkstück bis in Anschlagstellung, Stillstand während des Werkstoffvorschubes, Aufwärtsschwenken mit dem Werkstück bis zum Sägevorgang, Rückgang zum Auswerfen, Stillstand bis zum nächsten Abwärtsschwenken.

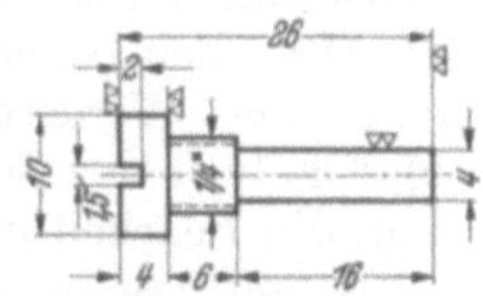

Abb. 72. Sonderschraube.

Diese einzelnen Vorgänge müssen auf eine Umdrehung einer Steuerkurve verteilt werden. Die Anteile hierbei ergeben sich teilweise aus

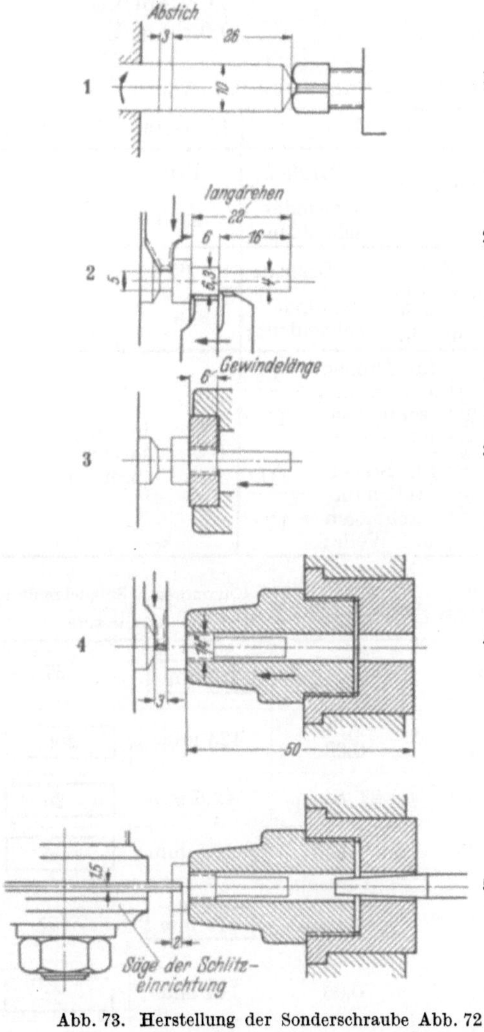

1. Vorschieben des Werkstoffes bis gegen den Anschlag.

2. Langdrehen des Schaftes und des Gewinde-durchmessers und Vorstechen des Abstichs.

3. Gewindeschneiden.

4. Abstechen und Abgreifen der Schraube.

5. Schlitzen der Schraube.

Abb. 73. Herstellung der Sonderschraube Abb. 72 auf einem Einspindel-Schraubenautomaten.

Werten, die jeder Maschine eigentümlich sind. Einzelheiten werden an dem Bei-spiel einer Schraube Abb. 72 besprochen, deren Arbeitsplan in Abb. 73 dar-gestellt ist. Die dazugehörende Leistungsberechnung enthält Tabelle 7.

Die Arbeitsgänge für die Schraube sind:

a) Vorschieben, Anschlagen und Spannen des Werkstoffes,

b) Langdrehen des Schaftes mit zwei Stählen und Einstechen des Kopfes auf Länge,

c) Gewindeschneiden,

d) Abstechen. Gleichzeitig kommt der Greifer der Schlitzeinrichtung, schiebt sich über das Werkstück und schwenkt dieses hoch,

e) Schlitzen der Schraube und Ausstoßen.

Für die Bearbeitung der Schraube Abb. 72 werden angenommen:

Schnittgeschwindigkeit beim Drehen . . . . 60 m/min

Schnittgeschwindigkeit beim Gewindeschneiden . . 8 m/min

Vorschub für Langdrehen . . . . 0,11 mm/U

Vorschub für Einstechen . . . . 0,03 mm/U

Vorschub für Abstechen . . . . 0,05 mm/U

Tabelle 7. Berechnungsblatt zur Schraube Abb. 72.

Benennung des Arbeitsstückes:	Zylinderkopf-Schraube	Drehrichtung:		Linkslauf	Rechtslauf
Werkstoff:	Schraubenstahl	Drehzahl — Drehen:		1910	—
		Drehzahl — Gewindeschneiden:		2310	—
Zeitdauer des Arbeitsstückes	0,21 min = 12,6 s	Schnittgeschwindigkeit m/min — Drehen:		60	—
Spindelumdrehung für ein Arbeitsstück	$n = 403$	Schnittgeschwindigkeit m/min — Gewindeschneiden:		8	—
Umfang des Arbeitskreises: $U = 268 \cdot \pi =$	$\boxed{U = 842 \text{ mm}}$	Wechselräder	für Drehen u. Gewindeschneiden auf Welle: I / II	Je nach Maschine einsetzen	
Spindelumdrehungen je Arbeitsstufe errechnet sich aus: $u = \dfrac{n \cdot l}{U}$			für Steuerwellenumdrehungen auf Welle: III / IV		

	Arbeitsgang	mm Arbeitsweg	$s =$ Vorschub	$l =$ Kurvenweg je Arbeitsstufe	$u =$ Spindelumdreh.
1	Vorschieben, Anschlagen und Spannen:	29		$\boxed{140 \text{ mm}}$	67
2	Langdrehen Hinten Einstechen	22 2,5	0,11 0,03	425 mm	$\boxed{200}$
3	Gewindeschneiden	6,3	1,27 Steig.	42,5 mm	$\boxed{25}$
3a	Rücklauf des Schneidwerkzeuges	6,3		10,5 mm	$\boxed{5}$
3b	Leerweg für Rücklauf des Schlittens und Schwenken der Aufnahmezange	80		$\boxed{110 \text{ mm}}$	53
4	Abstechen	2,7	0,05	114 mm	$\boxed{54}$
5	Schlitzen und Ausstoßen			—	—
				—	—
	Gesamt:			842 mm	403

Daraus errechnen sich die in Tabelle 7 angegebenen Drehzahlen für Drehen und Gewindeschneiden.

Es müssen nun die erforderlichen Drehspindelumdrehungen für die Arbeitsgänge berechnet werden:

a) Für Vorschieben und Spannen werden aus Gründen, die in der Konstruktion der Maschine liegen, 140 mm Weg gebraucht, dem 66 Spindelumdrehungen entsprechen.

b) Die Spindelumdrehungen beim Langdrehen von 22 mm mit 0,11 mm/U Vorschub werden 22/0,11 = 200 Umdrehungen.

c) Das Gewinde von $^1/_4''$ hat 1,27 mm Steigung, so daß bei 6 mm Gewindelänge mit etwas Zugabe 5 Gänge zu schneiden sind. Ferner ist zu beachten, daß die Gewindespindel überholt, und zwar macht sie etwa auf 5 Umläufe der Drehspindel selbst 6 und schneidet dabei 6 — 5 = 1 Gang Gewinde. Zur Fertigung von 5 Gängen sind also 5mal 5 = 25 Drehspindelumdrehungen erforderlich. Der Rücklauf des Schneideisens erfolgt bei stillstehender Gewindeschneidspindel, also

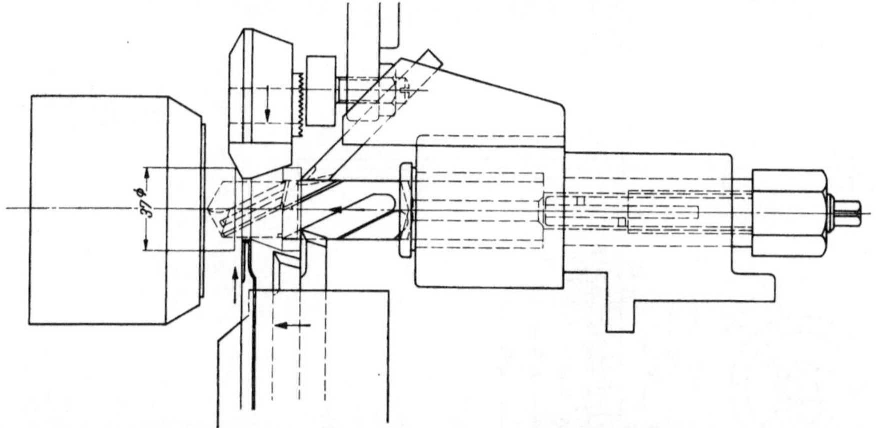

Abb. 74. Herstellung einer Kegelbüchse auf einem kleinen Form- und Schraubenautomaten.
Bohren und Abschrägen der Bohrungskante, gleichzeitig Formen des Kegels, Langdrehen der Außenform.
Anschließend Abstechen von oben mit Abstechschlitten.

mit voller Drehzahl der Drehspindel und erfordert daher 5 Umdrehungen. Für den Rücklauf der Gewindeschneidspindel in Endstellung und das Einschwenken der Aufnahmezange ist ein Betrag erforderlich, der aus Werten der Maschine heraus mit 110 mm Weg angenommen wird und 51 Umdrehungen ausmacht.

d) Für das Abstechen werden bei 2,7 mm Weg und 0,05 mm/U Vorschub 54 Drehspindelumdrehungen benötigt.

e) Das Schlitzen der Schraube erfolgt während des Langdrehens und wird daher in der Zeitrechnung nicht berücksichtigt.

Die so ermittelten Spindelumläufe für die einzelnen Arbeitsgänge sind in Tabelle 6 eingetragen. Die Summe der Spindelumdrehungen für die eigentlichen Bearbeitungsvorgänge (in Tabelle 6 umrandet) beträgt 284. Für die Steuerung dreht sich eine Kurventrommel gerade einmal, ihr Umfang ist 842 mm. Von diesem Umfang werden die in Tabelle 6 umrandet eingetragenen Wege für Nebenzeiten mit 140 + 110 = 250 mm abgezogen, so daß für die 284 Umdrehungen der Arbeitsgänge noch 592 mm Kurvenumfang zur Verfügung stehen. Daraus errechnet sich, daß der volle Kurvenumfang gerade 403 Umdrehungen der Drehspindel dauert, und das ist die Stückzeit. Da die Spindel nun 1910 Umdrehungen je Minute ausführt, dauern die 403 Umdrehungen gerade 0,21 Minuten, womit die Stückzeit berechnet ist.

Für Automaten mit anderen Steuerungen werden die Rechnungen zwar ähnlich, aber mit anderen Werten durchgeführt.

In ähnlicher Weise wie die Schraube wird auch die Kegelhülse (Abb. 74) hergestellt. An Stelle der Gewindeschneideinrichtung ist ein Spiralbohrer mit Langdrehstahl verwendet. Endlich sei noch die Fertigung von Muttern gestreift. Die Arbeitsgänge sind in Tabelle 8 (Abb. 76) zusammengetragen und klar verständlich, so daß ein Arbeitsplan nicht gezeichnet werden muß.

21. Einspindel-Langdrehautomaten. Bei Einstellungen auf Einspindel-Langdrehautomaten ist wieder günstige Verteilung der Drehstähle auf die einzelnen

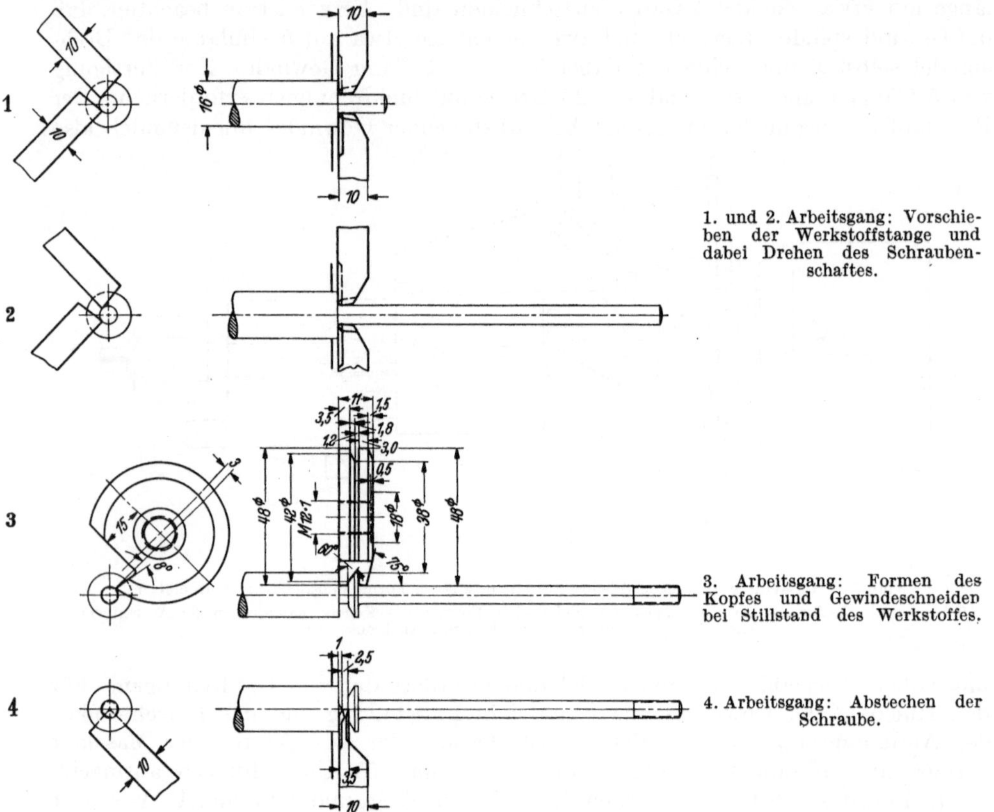

1. und 2. Arbeitsgang: Vorschieben der Werkstoffstange und dabei Drehen des Schraubenschaftes.

3. Arbeitsgang: Formen des Kopfes und Gewindeschneiden bei Stillstand des Werkstoffes.

4. Arbeitsgang: Abstechen der Schraube.

Abb. 75. Werkzeugplan für die Herstellung einer Sonderschraube auf einem Einspindel-Langdrehautomaten.

Werkzeugträger entscheidend für die Leistung der Maschine. Der Arbeitsplan Abb. 75 zeigt die Fertigung einer Sonderschraube, die zunächst auf ganze Länge überdreht wird, wobei dauernd zwei Langdrehstähle im Schnitt stehen. Der Kopf wird dann mit einem Rundformstahl vorgearbeitet und der Abstich vorgestochen. Daher bleibt aber noch so viel Material stehen, daß das Gewinde geschnitten werden kann, ohne daß die Sonderschraube von der Werkstoffstange abreißt.

Die Leistungsberechnung geht genau wie bei Form- und Schraubenautomaten vor sich und ist in Tabelle 9 (Abb. 77) für den Plan Abb. 75 durchgeführt. Auch hier wieder wird jeder einzelne Vorgang auf Hundertstel des Kurvenscheibenumfanges bezogen, so daß die Zahlenwerte auch schon für das Aufzeichnen der einzelnen Kurven verwendet werden können.

Tabelle 8. Berechnungsblatt für die Herstellung einer Mutter.

Werkstück	Werkstoff: Leicht bearbeitbarer Flußstahl	
	Umdrehungen/min — Arbeitsspindel	1950
	Umdrehungen/min — Gewindebohrer	800
	Schnittgeschwindigkeit m/min — Drehen	55
	Schnittgeschwindigkeit m/min — Gewindeschneiden	12,5
Abb. 76	Erforderliche Umdrehungen für ein Arbeitsstück . . .	130
	Leistung in der Minute Stück	15

Werkzeuge	Arbeitsgang	Arbeitsweg mm	Vorschub bei 1 Umdr. mm	Umdrehungen für die Arbeitsstufe	Hundertstel des Kurvenscheiben-Umfanges			Für die Leistungsberechnung zu berücksichtigende Werte			
					Anz.	von	bis	Umdr.	100stel	von	bis
1	2	3	4	5	6	7	8	9	10	11	12
Bohr-Ein-richtung	Vorgang zum Bohren				10	0	10				
	Bohren	7	0,135	51,5	39,5	10	—				
	Spanbrechen 3 ×				4,5	—	54				
	Rückgang				7	54	61				
Formstahl	Einschwenken auf 11,4 ∅				10	90	0				
	Formdrehen	1,2	0,03	40	31	0	—				
	Spanbrechen 2 ×				3	—	34				
	Stilläand zum Glätten der Drehfläche				2	34	36				
	Zurückschwenken i. Anfangsstellung				6	36	42				
Greifarm	Aufwärtsschwenken zum Senken				4	96	0				
	Vorgang zum Senken der 2. Seite				1,5	0	1,6		1,5	0	1,5
	Senken	1	0,095	(10,5) 15	11,5	1,5	13	15		1,5	13
	Rückgang				3	13	16	3		13	16
	Aufwärtsschwenkung z. Gew.-Bohrer				2,5	16	18,5		2,5	16	18,5
	Stillstand				1	18,5	19,5		1	18,5	19,5
	Vorgang zum Gewindeschneiden				2,5	19,5	22		2,5	19,5	22
	Gewindeschneiden — Vorgehen der Greifer	11 Gg.	—	27	20,5	22	42,5	27		22	42,5
	Gewindeschneiden — Stillstand der Greifer	6,5 Gg.	—	16	12,5	42,5	55	16		42,5	55
	Rückgang des Greifarmes				3,5	55	58,5		3,5	55	58,5
	Abwärtsschwenken zum Greifen				5	58,5	63,5		5	58,5	63,5
	Stillstand				1	63,5	64,5		1	63,5	64,5
	Vorgang zum Greifen				3,5	64,5	68		3,5	64,5	68
	Stillstand während des Abstiches				10	68	78				
	Aufwärtsschwen u. Wenden d. Mutter				6	78	84				
	Vorgang zum Eindrücken der Mutter				4	84	88				
	Stillstand in Anschlagstellung				8	88	96				
Abstechstahl	Einschwenken auf 10,9 ∅				8	5	13				
	Abstechen auf 5,2 ∅	2,85	0,04	72	55	13	68				
	Abstechen auf Kernloch 4,2 ∅	0,5	0,055	9	7	68	76	9		68	76
	Abstechen 0,5 mm über Kernloch	0,5	0,055	9	7	76	82	9		76	82
	Zurückschwenken i. Anfangsstellung				6	82	88				
	Werkstoff-Vorschub und Spannung				18	82	100	18		82	100
								zus.	76	41,5	

$$\text{Umdrehungen für ein Arbeitsstück} = \frac{76,100}{58,5} = 130$$

$$\text{Leistung in der Minute} = \frac{1950}{130} = 15 \text{ Stück.}$$

Tabelle 9. Berechnungsblatt zum Arbeitsplan Abb. 75.

Werkstück	Werkstoff: St. 60/11		
	Umdrehungen/min	Arbeitsspindel	750
		Gewindeschneidspindel	900
	Schnittgeschw. m/min	Drehen	38
		Gewindeschneiden	3
Abb. 77.	Erforderliche Umdrehungen für ein Arbeitsstück		2586
	Leistung in der Minute	Stück	0,29

Werk-zeuge	Arbeitsgang	Arbeits-weg mm	Vor-schub bei 1 Umdr.	Umdre-hungen für die Ar-beitsstufe	Hunderstel des Kurvenscheiben-Umf.			Für die Leistungs-berechnung zu berück-sichtigende Werte			
					Anz.	von	bis	Umdr.	100stel	von	bis
1	2	3	4	5	6	7	8	9	10	11	12
IV	Stahl Nr. 12 einschw. auf 6,1 mm ⌀				5	94	99				
	Langdrehen mit Kurve Nr. 29	110	0.072	1527	59	0	59	1527		0	59
	Stahl Nr. 12 ausschwenken				5	59	64		2	59	61
I	Stahl Nr. 12 einschw. auf 6 mm ⌀				5	94	99				
	Langdrehen mit Kurve Nr. 26	110	0,072	1527	59	0	59				
	Stahl Nr. 12 ausschwenken				5	59	64				
II	Werkstoff vorschieben m. Kurve Nr. 22	6,5			2	61	63			2	61	63
	Rundstahl Nr. 13 einschw. auf 16,2 ⌀				5	57	62				
	Einstechen mit Kurve Nr. 27	5,1	0,015	340	13	63	76	340		63	76
	Rundstahl Nr. 13 ausschwenken				5	77	82				
III	Abstechstahl Nr. 14 einschw. auf 6,1 ⌀				5	71	76				
	Abstechen mit Kurve Nr. 28	3,5	0,02	175	7	76	83	175		76	83
	Abstechstahl Nr. 14 ausschwenken				5	84	89				
	Öffnen der Spannzange				2	83	85		2	83	85
	Rückgang des Werkstoffschiebers	116,5			12,5	85	97,5		12,5	85	97,5
	Schließen der Spannzange				2,5	97,5	100		2,5	97,5	100
Gewindeschneid-einrichtung für Rechtsgewinde	Vorgang bis z. Gewinde anschneiden				5	65	70				
	Gewinde aufschn. m. Kurve Nr. 24	16 Gg.		80	3	70	73				
	Ablauf des Schneidkopfes Nr. 31 mit Schneidbacken M6 Nr. 32	16 Gg.		16	1	73	74				
	Rückgang in Anfangsstellung					74	77				
								Zus.: 2042	21	0	100

$$\text{Umdrehungen für ein Arbeitsstück} = \frac{2042 \cdot 100}{79} = 2586 \text{ Umdr.}$$

$$\text{Leistung in der Minute} = \frac{750}{2586} = 0,29 \text{ Stück/min}$$

Einen anderen Arbeitsplan für Langdrehautomaten zeigt Abb. 78. Die Berechnung der Leistung ergibt sich aus Tabelle 10 (Abb. 80). Um das sehr lange Werkstück halten zu können, wird mit einer Rollenlünette gearbeitet, die an Stelle der Gewindeschneideinrichtung eingesetzt wird.

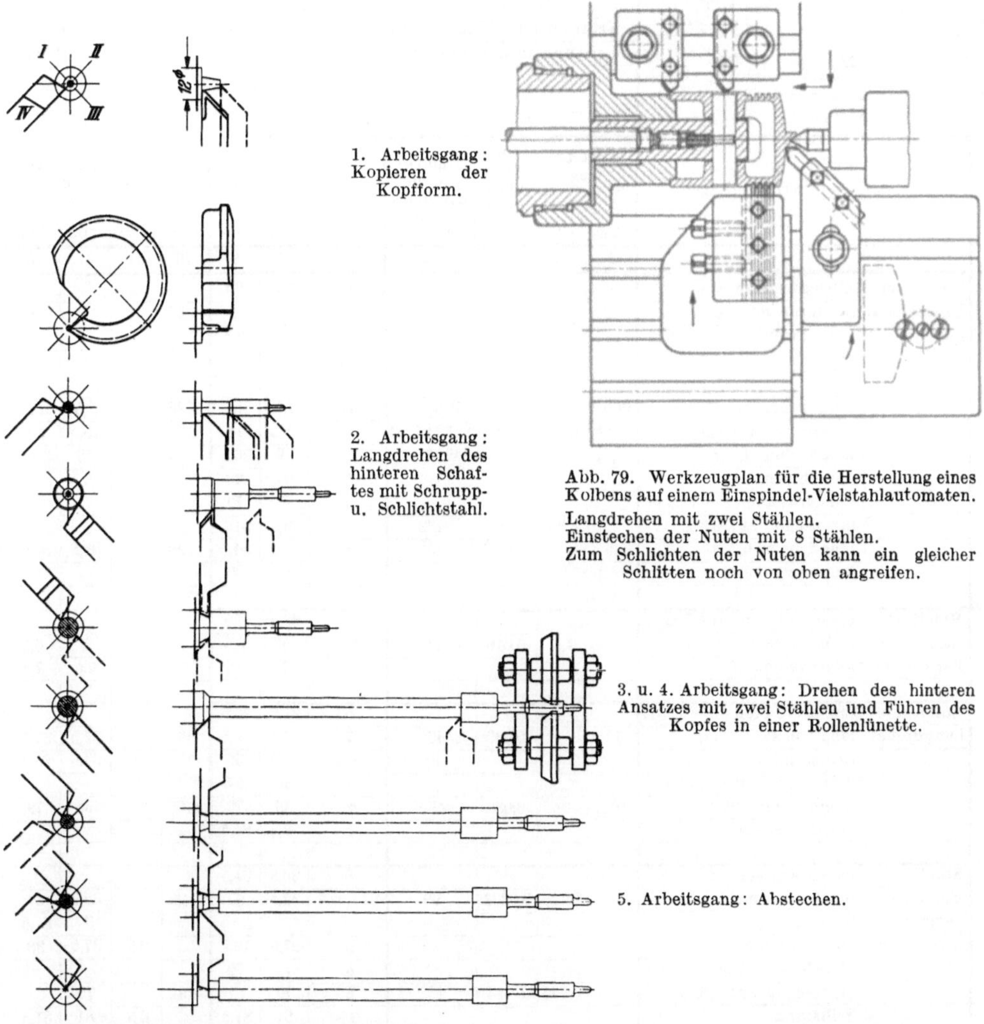

Abb. 79. Werkzeugplan für die Herstellung eines Kolbens auf einem Einspindel-Vielstahlautomaten.
Langdrehen mit zwei Stählen.
Einstechen der Nuten mit 8 Stählen.
Zum Schlichten der Nuten kann ein gleicher Schlitten noch von oben angreifen.

Abb. 78. Werkzeugplan für die Herstellung eines Formstückes auf einem Einspindel-Langdrehautomaten.

22. Einspindel-Vielstahlautomaten. Die Arbeitsweise der Einspindel-Vielstahlautomaten ist durch die Zahl der Schlitten festgelegt, die Einstellung daher meist sehr einfach. Mit einem Schlitten wird lang überdreht, mit dem anderen eingestochen. Einen solchen Arbeitsplan für einen Verbrennungsmotor-Kolben zeigt Abb. 79. Das Werkstück wird in einer Sonder-Spanneinrichtung gehalten. Der hintere Langdrehschlitten hat zwei Stähle, die den Kolben überdrehen, während der vordere Schlitten im Einstechverfahren die Kolbenringnuten dreht. Um diese noch schlichten zu können, arbeitet ein von oben kommender, im Arbeitsplan nichtgezeichneter Schlitten genau wie der vordere mit Einstechstählen.

Tabelle 10. Berechnungsblatt zum Arbeitsplan Abb. 78.

Werkstück:

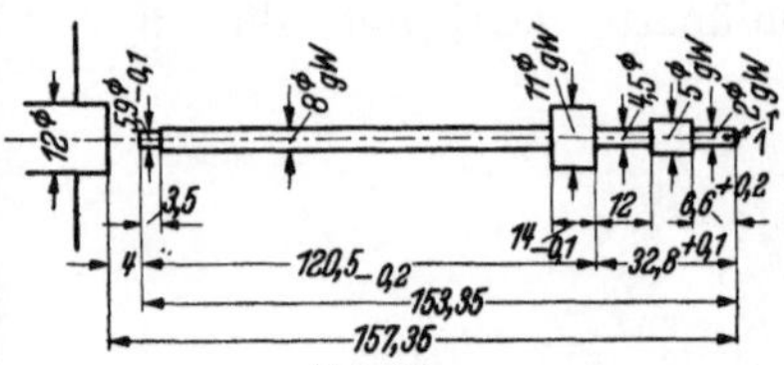

Abb. 80.

Werkstoff: Federstahl 12 mm ⌀ Din 667		
Umdrehungen/min	Arbeitsspindel	1010
	Gewindeschneidspindel	
Schnittgeschwindigkeit m/min	Drehen $12 \cdot \pi \cdot 1{,}010 =$	38
	Gewindeschneiden	
Erforderliche Umdrehungen für ein Arbeitsstück		6600
Leistung in der Minute Stück		0,152

Werk-zeug-träger	Werkzeug	Arbeitsgang	Arbeits-weg mm		Vor-schub mm/je Umdr.	Umdre-hungen f. d. Arbeits-gang	Hundertstel des Kurvenscheiben-Umfanges			Für die Leistungs-berechnung z. berück-sichtigende Werte			
			längs	quer	längs		Anz.	von	bis	Umdr.	100stel	von	bis
1	2	3	4	4a	5	6	7	8	9	10	11	12	13
IV	Stahl zum Kopieren u. Langdrehen	einschwenken auf 2 ⌀					5	94	99				
		kopieren nach 4,96 ⌀	7,2	1,48	0,0218	330	5	0	5	330		0	5
		ausschwenken auf 9,6 ⌀		3,8			0,5	5	5,5				
		einschwenken auf 4,96 ⌀					0,5	6,5	7				
		langdrehen 4,96 ⌀	14,8			726	11	7,5	18,5	726		7,5	18,5
		einstechen a. 4,5 ⌀ 25,65	0,68	0,23	0,0204	33 }1254	0,5	18,5	19	33		18,5	19
		langdrehen 4,5 ⌀	10,17			495	7,5	19	26,5	495		19	26,5
		ausschwenken					5	27	32		1	26,5	27,5
		einschwenken auf 12,2 ⌀					5	74	79				
		einstechen auf 6,3 ⌀		2,95	0,0225	132	2	79,5	81,5				
		langdrehen 6,3 ⌀	3,5		0,0177	198	3	81,5	84,5	198		81,5	84,5
		ausschwenken					5	85	90				
II	Rundform-stahl zum Formstech.	einschwenken auf 5 ⌀					5	99,5	4,5				
		formstechen auf 2 ⌀		1,5	0,016	99	1,5	5	6,5	99		5	6,5
		ausschwenken					5	7	12		1	6,5	7,5
III	Stahl zum Langdrehen	einschwenken auf 10,95 ⌀					5	21,5	26,5				
		langdrehen 10,95 ⌀	18		0,039	462	7	27,5	34,5	462		27,5	34,5
		Stillstand					1,5	34,5	36		1	34,5	35,5
		einschwenken auf 7,95 ⌀		1,5			1	36	37				
		langdrehen 7,95 ⌀	103		0,038	2706	41	38	79	2706		38	79
		ausschwenken					5	79,5	84,5				
I	Stahl zum Einstechen Langdrehen Abstechen	einschwenken auf 12,2 ⌀					5	29,5	34,5				
		einstechen auf 7,95 ⌀		2,125	0,0203	99	1,5	35,5	37	99		35,5	37
		Stillstand										37	37,5
		ausschwenken					,5	37,5	42,5		0,5	37,5	38
		einschwenken auf 12,2 ⌀					5	74	79				
		einstechen auf 5,85 ⌀		3,775	0,024	132	2	79	81	132		79	81
		Stillstand					0,5	81	81,5		0,5	81	81,5
		langdrehen 5,85 ⌀	3,5		0,0177	198	3	81,5	84,5				
		Stillstand					0,5	84,5	85		0,5	84,5	85
		abstechen		4	0,0173	231	3,5	85	88,5	231		85	88,5
		ausschwenken					5	89	94				
Vorschub-spindel	Spann-zange	aufspannen				1		88,5	89,5			88,5	
		Rückgang	157,35			8 }11,5		89,5	97,5		11,5		
		zuspannen				2,5		97,5	100				100
									Zus.:	5544	16		

$$\text{Umdrehungen für ein Arbeitsstück} = \frac{5544 \cdot 100}{84} = 6600$$

$$\text{Leistung} = \frac{1010}{6600} = 0{,}152 \; \frac{\text{Stck.}}{\text{min}}$$

Die Zeitberechnung ist bei diesen Vielstahlautomaten denkbar einfach, da den Hauptanteil die Arbeitszeit hat, die sich unmittelbar aus Drehweg, Spindeldrehzahl und Vorschub ergibt. Hinzu kommt nur der Betrag für die Leerwege der Schlitten von ihrer Ausgangsstellung bis an das Werkstück heran und nach beendeter Arbeit wieder in ihre Ausgangsstellung zurück. Da diese Nebenzeit aber sehr gering ist im Verhältnis zu den meist längeren Arbeitszeiten, die bei diesen Vielstahlautomaten auftreten, so ergibt praktisch die Arbeitszeit die Stückzeit. Für genauere Rechnungen sind die Nebenzeiten den Angaben zu entnehmen, die von den Herstellern zu jeder Maschine gemacht werden.

23. Einspindel-Revolverautomaten. Bei Einspindel-Revolverautomaten ist die Hauptarbeit von dem Revolverschlitten zu leisten, da dieser 4···6 Werkzeuggruppen nacheinander zur Bearbeitung schalten kann. Wegen der Vielseitigkeit der Einstellmöglichkeiten soll eine Reihe von Einstellbeispielen gezeigt werden, in denen die wichtigsten Arbeitsgänge enthalten sind. Es kann danach nicht schwer fallen, für bestimmte Aufgaben die Pläne zu entwickeln.

Die Fertigung einer Verschraubung ist in Abb. 81 dargestellt. Die sechs Revolverkopfseiten sind besetzt mit

Werkstoffanschlag	Nuteneinstechwerkzeug
Zentrierbohrer	Gewindeschneideinrichtung
Spiralbohrer	Spiralbohrer.

Die beiden Querschlitten sind mit einem Einstechstahl und einem Rundformstahl, der Abstechschlitten mit einem Abstechstahl ausgerüstet. Die Arbeitsweise der Maschine ist aus dem Plan Abb. 81 klar ersichtlich. Eine Schwierigkeit liegt in dem Bohren der letzten Spindel und gleichzeitigen Abstechen. Da diese Vorgänge aus Gründen der Zeitersparnis sehr nahe beieinander liegen, ist die Anwendung eines Abstreifers ratsam, damit mit Sicherheit keine Werkstücke auf dem Spiralbohrer hängen bleiben. Denn das würde beim nächsten Arbeitsgang unweigerlich zu einer Störung führen. Der Abstreifer braucht nicht unbedingt mit dem Abstechstahl gekuppelt zu sein. Wenn es die Revolverkopfbewegung gestattet, kann auch jede Anordnung erfolgreich sein.

Für die Herstellung einer 130 mm langen Spindel, die aus Gründen des Maschinenbestandes nicht auf einem Langdrehautomaten, sondern einem Revolverautomaten gefertigt werden soll, zeigt Abb. 82 den Werkzeugplan. Der Revolverkopf hat fünf Seiten, von denen eine den Anschlag aufnimmt, zwei werden zum Langdrehen, eine zum Gewindeschneiden und die letzte zum Gegenführen benutzt. Beim Überdrehen des langen Schaftes in Stellung 2 und 3 wird ein Stichelhaus mit Tangentialstahl und Gegenrolle benutzt, da hierbei die Genauigkeit der gedrehten Fläche am höchsten wird. Für das Gewindeschneiden muß die Spindel noch genügend fest mit der Werkstoffstange verbunden sein, der Abstich darf also nicht zu weit vorgestochen werden. Eine Schwierigkeit bietet die letzte Arbeitsstufe, da ein nochmaliges Überdrehen des Werkstückes im Langdrehverfahren vom Querschlitten aus erfolgen muß. Denn es ist nicht angängig, die breite Aussparung hinter dem schmalen Bund mit einem Einstechstahl zu bearbeiten. Damit bei dem Langdrehen nun die Durchmesser mit Sicherheit bei allen Stücken genau gleich werden, ist im Revolverkopf eine Gegenführung angebracht, welche sich halbseitig (Abb. 82 unten) über die Spindel setzt und sie gegen den Schnittdruck hält. Mit dem Abstich ist die Bearbeitung beendet.

Bevor weitere Beispiele gebracht werden, ist ein Wort über die Leistungsberechnung bei Einspindel-Revolverautomaten zu sagen. Im Aufbau ist diese Berechnung genau wie bei Schraubenautomaten, nur daß wegen der vielen Arbeitsgänge die Rechnung wesentlich umfangreicher ist. Auch hier ist wieder zwischen Arbeitswegen, bei denen Zerspanungsarbeit geleistet wird, und Leerwegen, die zur Vorbereitung der Bearbeitung dienen, zu unterscheiden.

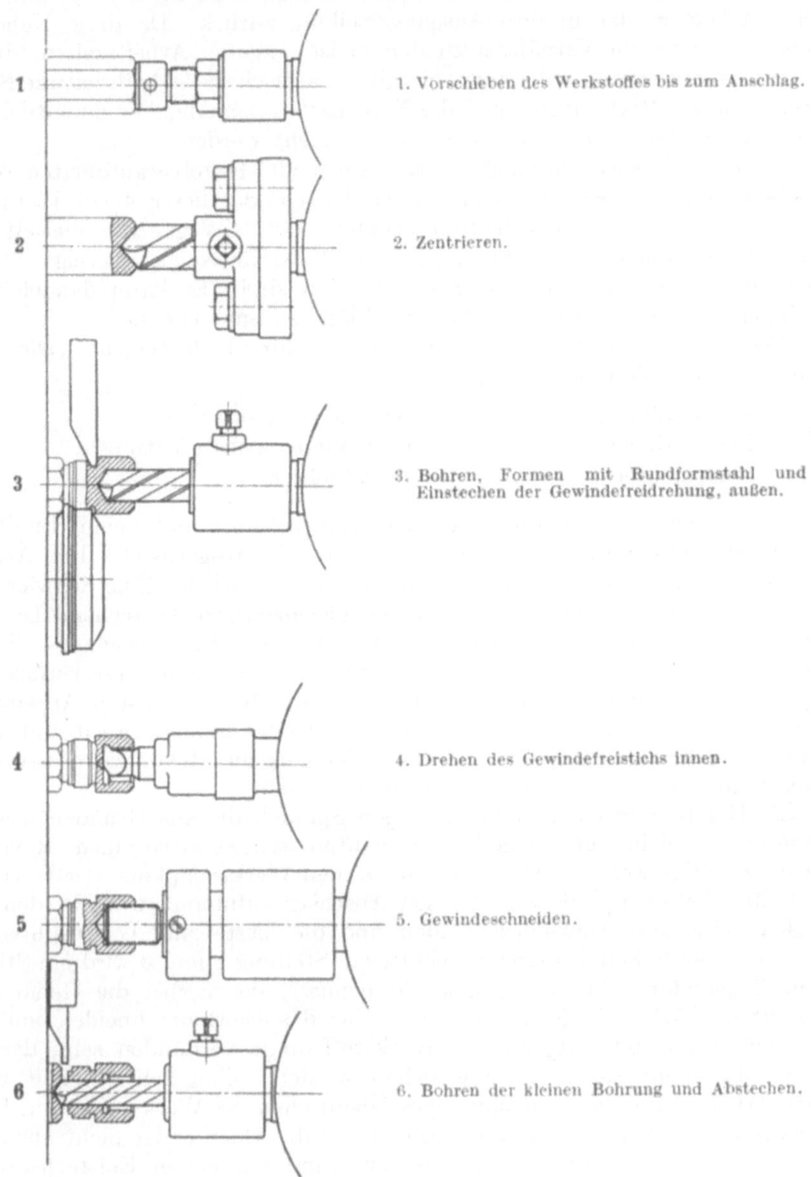

Abb. 81.　Herstellung einer Verschraubung auf einem Einspindel-Revolverautomaten.

Der Gang einer Leistungsberechnung ist nun wie folgt:

a) Berechnen der minutlichen Spindeldrehzahl unter Annahme einer für den Werkstoff geeigneten Schnittgeschwindigkeit.

b) Festlegen der Reihenfolge der einzelnen Arbeitsgänge.

c) Bestimmung der Arbeitswege.

d) Einsetzen der für die Bearbeitung zulässigen Vorschübe.

e) Berechnung der Arbeitsspindel-Umdrehungen für jeden einzelnen Arbeitsgang aus Arbeitsweg und Vorschub.

f) Berechnen der Zeit, welche die Arbeitsgänge zusammen beanspruchen.

g) Einsetzen der Leerzeiten, ausgedrückt in Hundertsteln des Kurvenscheibenumfanges. Diese Werte sind eigentümlich für eine Maschine und den Druckschriften der Baufirma zu entnehmen.

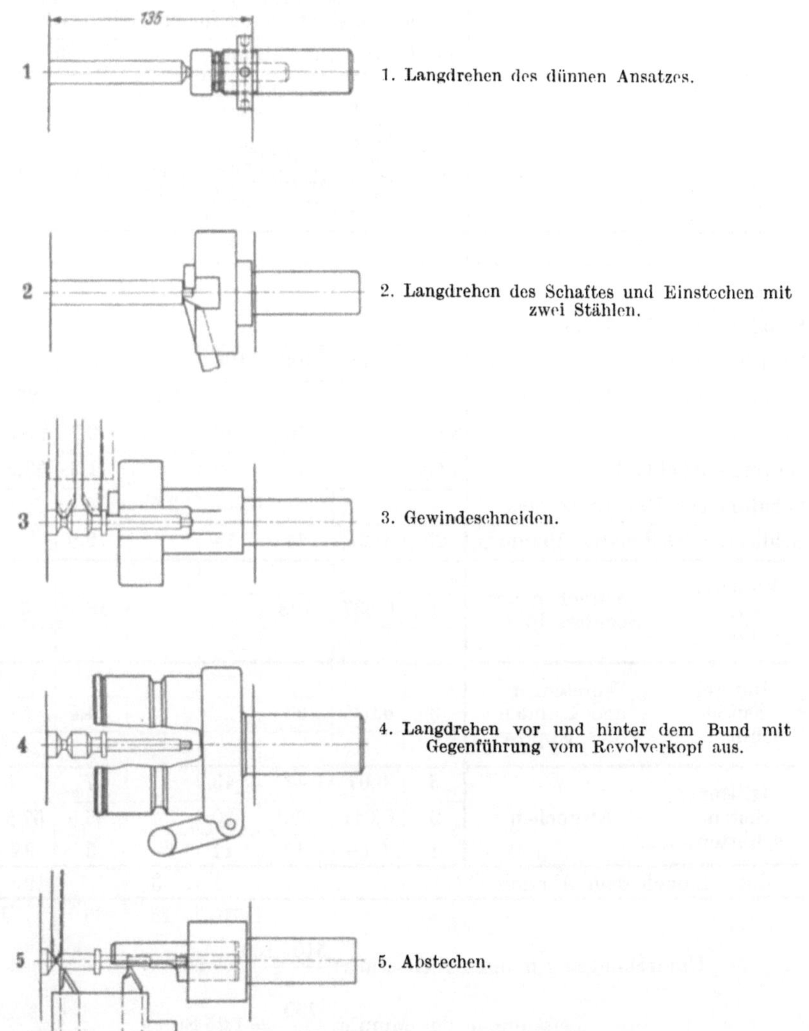

Abb. 82. Drehen einer Welle auf einem Revolverautomaten. Vorschieben des Werkstoffs bis zum Anschlag.

h) Errechnen der Gesamtarbeitszeit.

i) Berechnen der auf jeden Arbeitsvorgang entfallenden Hundertstel des Kurvenscheiben-Umfanges.

k) Eine nach diesen Gesichtspunkten aufgestellte Rechnung zeigt Tabelle 11 (Abb. 83) für eine Zapfenschraube. Wenn die Steuerung oder die Arbeitsweise des Automaten anders ist, als hier angenommen wurde, so können sich Änderungen

4*

Tabelle 11.   Berechnungsblatt für die Herstellung einer Schaftschraube.

Werkstück

Abb. 83.

Werkstoff: Leicht bearbeitbarer Flußstahl		
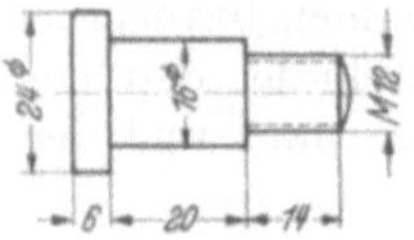 Umdrehungen/min	Drehen	750
	Gewindeschneiden	150
Schnittgeschwindigkeit m/min	Drehen	56,5
	Gewindeschneiden	5,7
Erforderl. Umdrehung für ein Arbeitsstück		600
Leistung in der Minute Stück		1,25

Werkzeugträger	Arbeitsgang	Arbeitsweg	Vorschub bei 1 Umdrehung der Arbeitsspindel	Arbeitspindelumdrehungen		100stel der Kurvenscheibe			
				für die betr. Arbeitsstufe	zu berücksichtigende	für Leerwege	für Arbeitswege	von	bis
1	2	3	4	5	6	7	8	9	10
Revolverkopf	Werkstoffvorschub und Anschlag					2,5		0	2,5
	Schalten des Revolverkopfes					2,5		2,5	5
	Überdrehen des Gewindeschaftes	14	0,13	108	108		18	5	23
	Schalten des Revolverkopfes					3,5		23	26,5
	Gewinde aufschneiden	8 Gg.		40	40		6,7	26,5	33,2
	Gewinde Rücklauf	8 Gg.		8	8		1,3	33,2	34,5
	Schalten des Revolverkopfes					3,5		34,5	38
	Schlichten des Schaftes 16 mm ⌀	20	0,27	74	74		12,5	38	50,5
Seitenschlitten	Vorderer Seitenschlitten: Vorstechen des Schaftes 16 ⌀	4	0,037	108			18	5	23
	Hinterer Seitenschlitten: Vorstechen und Runden des Kopfes	3	0,035	86			14,5	5	19,5
	Dritter Seitenschlitten: Abstechen	3	0,07	43	43		7	50,5	57,5
		9	0,041	220	220		36,5	57,5	94
		1	0,06	17	17		3	94	97
	Zugabe nach dem Abstich					3		97	0
				510	15	85		100	

$$\text{Umdrehungeu für ein Arbeitsstück:} \quad \frac{510 \cdot 100}{85} = 600$$

$$\text{Leistung in der Minute:} \quad \frac{750}{600} = 1,25 \text{ Stück.}$$

im Gang der Berechnung ergeben. Der grundsätzliche Gang bleibt aber stets gleich. Alle einzelnen Möglichkeiten an dieser Stelle zu behandeln, ist unmöglich. Dieses kurze Beispiel genügt, um den Aufbau der Leistungsrechnung verständlich zu machen. Weitere Einzelheiten sind in den Betriebsanleitungen jeder Maschine enthalten.

Bei Werkstücken, deren Herstellung nicht allzu schwierig ist und daher nicht alle Revolverkopfseiten ausnutzt, ist die Herstellung von zwei Werkstücken auf

einer Maschine in der Weise möglich, daß nach einem vollen Revolverkopfrund-
gang beide Werkstücke fertig sind. Derartige Einstellungen zeigt Abb. 84 und 85.
Bei dem Plan Abb. 84 wird eine Verschraubung und ein Nippel gleichzeitig her-

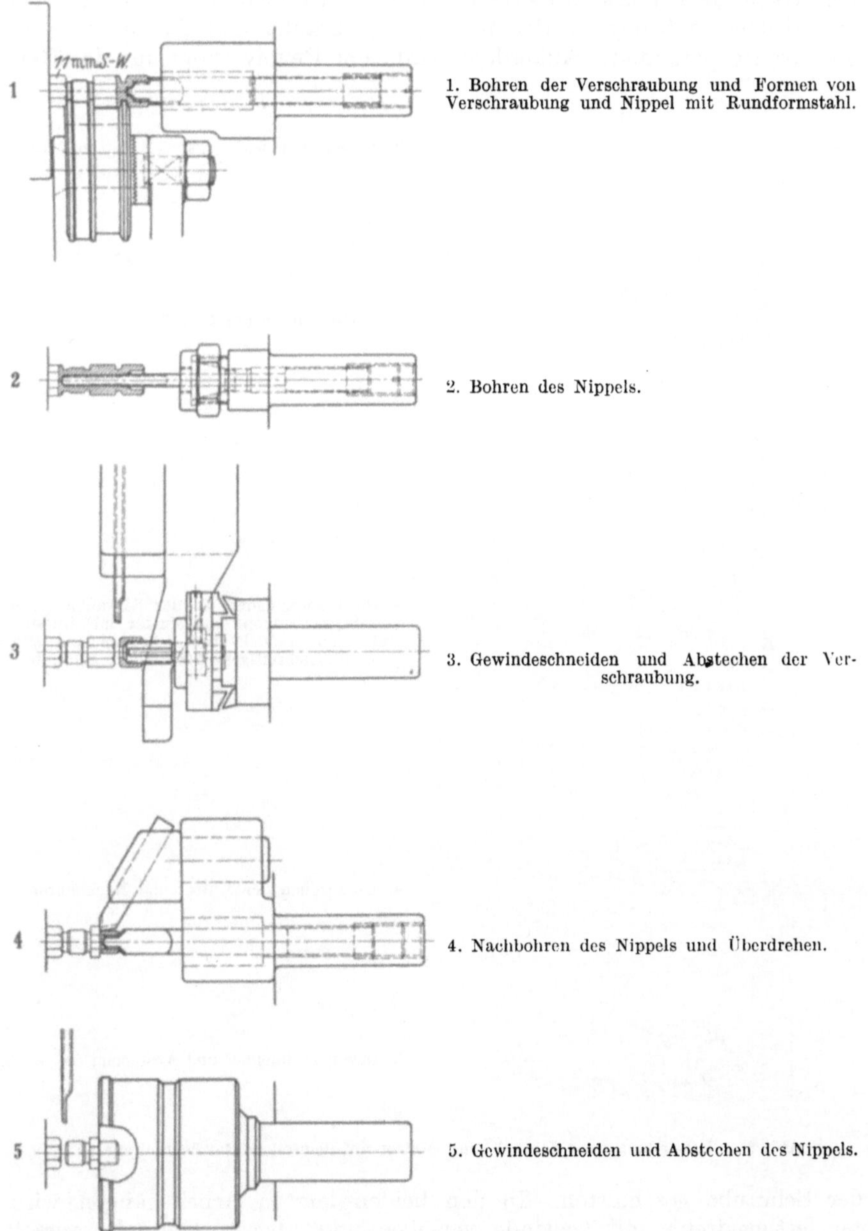

1. Bohren der Verschraubung und Formen von
Verschraubung und Nippel mit Rundformstahl.

2. Bohren des Nippels.

3. Gewindeschneiden und Abstechen der Verschraubung.

4. Nachbohren des Nippels und Überdrehen.

5. Gewindeschneiden und Abstechen des Nippels.

Abb. 84. Herstellung von Verschraubung und Nippel auf demselben Revolverautomaten.

gestellt. Mit der ersten Revolverkopfseite wird die Verschraubung gebohrt, mit
der zweiten durch die Verschraubung hindurch der Nippel. Mit der dritten Revolverkopfseite wird an der Verschraubung Gewinde geschnitten und das fertige

Stück abgestochen. An der letzten Spindel wird nochmals Gewinde geschnitten, diesmal an dem Nippel, und auch dieser abgestochen.

Eine ähnliche Einstellung zeigt Abb. 85 für eine Rändelschraube mit Rändelmutter. Nach dem Werkstoffanschlag und Überdrehen des Schraubenschaftes wird im dritten Arbeitsgang der Kopf der Schraube und die Mutter geformt und gleichzeitig gerändelt. Außerdem wird vom Revolverkopf aus das Gewinde

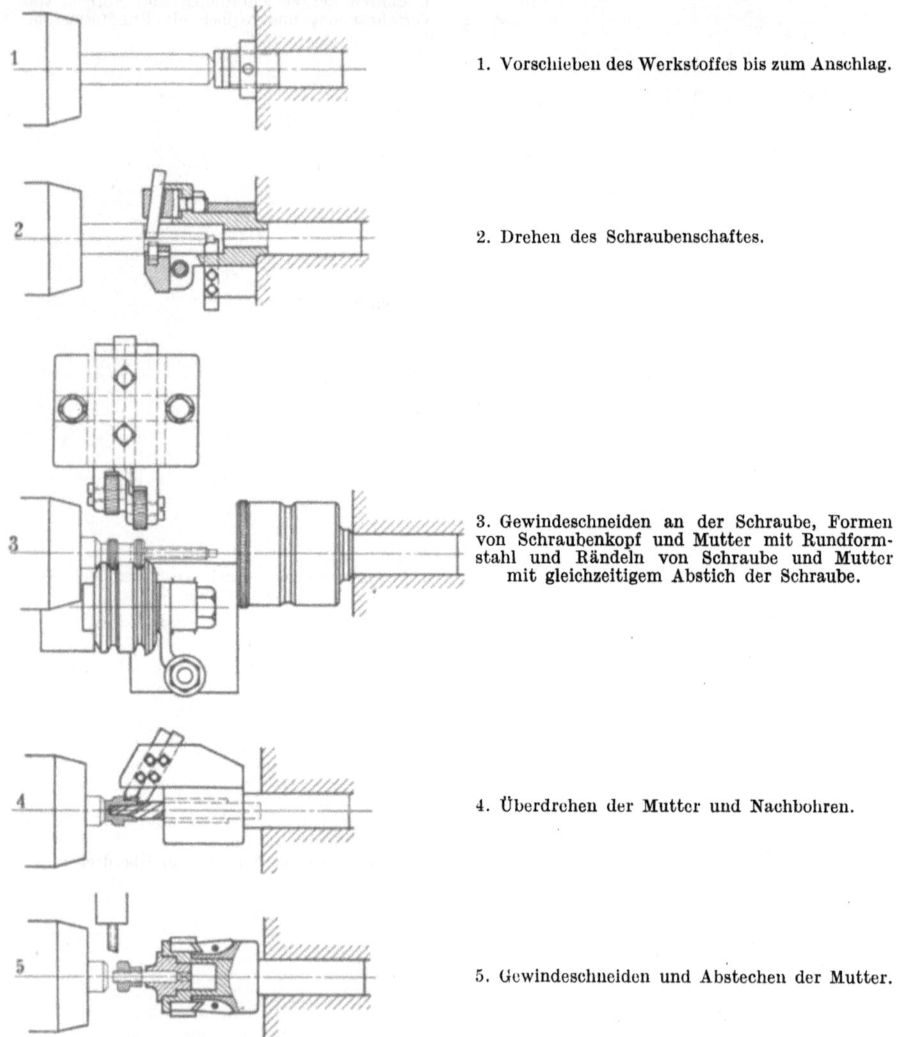

Abb. 85. Herstellung einer Schraube mit Mutter auf demselben Revolverautomaten.

an der Schraube geschnitten. In den beiden letzten Arbeitsgängen wird die Mutter fertiggedreht, mit Gewinde versehen und abgestochen. Voraussetzung für diese Herstellungsart ist aber, daß beide Werkstücke aus dem gleichen Werkstoff nach Qualität und Abmessung herzustellen sind, und daß die Unterbringung aller Werkzeuge durchführbar ist, wie es in diesen beiden Beispielen gezeigt wurde.

Die beiden nächsten Beispiele behandeln den anderen Fall, daß ein Werkstück in einer Aufspannung nicht fertiggestellt wird, und deshalb noch auf einer zweiten Maschine bearbeitet werden muß. Zur Herstellung einer Büchse wird ein Stangenautomat mit einer Einrichtung nach Plan Abb. 86 verwendet. Die Büchse wird außen zweimal überdreht, und beide Ansätze werden anschließend plangedreht. Die große Bohrung wird mit einem Spiralbohrer vorgebohrt, mit

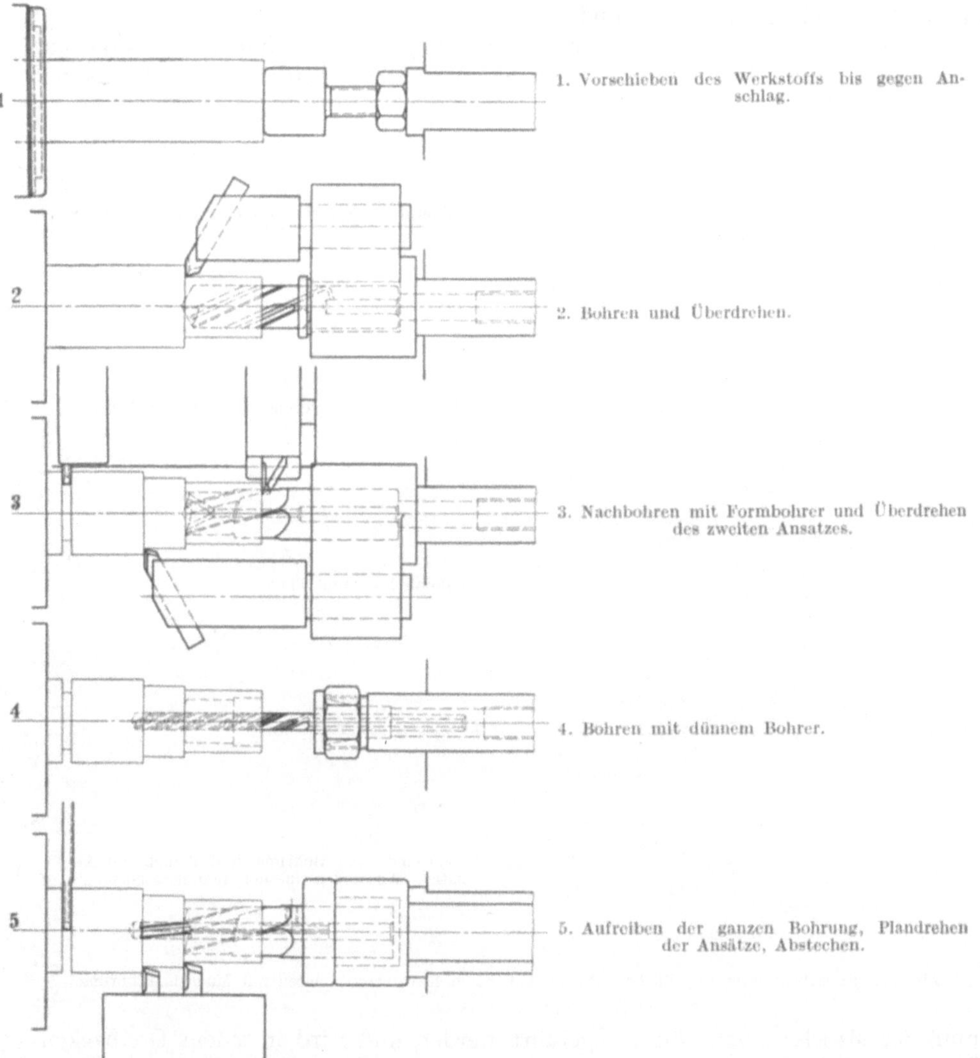

Abb. 86. Herstellung einer Büchse in erster Aufspannung auf großem Revolverautomaten.

einem abgesetzten Formbohrer nachbearbeitet und im letzten Arbeitsgang nochmals gerieben. Die kleine Bohrung wird nur durchgebohrt und gerieben. Das Werkstück soll aber auch von der Abstichseite her mit mehreren Bohrungen versehen und außen überdreht werden. Dafür wird das im Zustand nach Abb. 86 abgestochene Werkstück durch ein Magazin einem weiteren Automaten zugeführt, dessen Werkzeugeinrichtung in Abb. 87 gezeigt ist. Das Teil wird von dem (nicht gezeichneten!) Magazin aus vollselbsttätig der Drehspindel zugeführt, bis gegen einen Anschlag in sie hinein gedrückt und mit einer Spannpatrone gespannt. Dann folgt die Bearbeitung, die ebenfalls wieder mehrere Bohrer und Stähle zum Überdrehen und Planen aufweist. Nach dieser zweiten Bearbeitung ist das Werkstück dann vollständig bearbeitet. Eine ausreichende Genauigkeit wird aber nur erreicht, wenn die Spanneinrichtung des Magazinautomaten auch ganz genau rundläuft.

Als letztes Beispiel soll noch die Bearbeitung einer geschmiedeten Nabe auf einem großen Futterautomaten (Abb. 88) behandelt werden. Das Werkstück

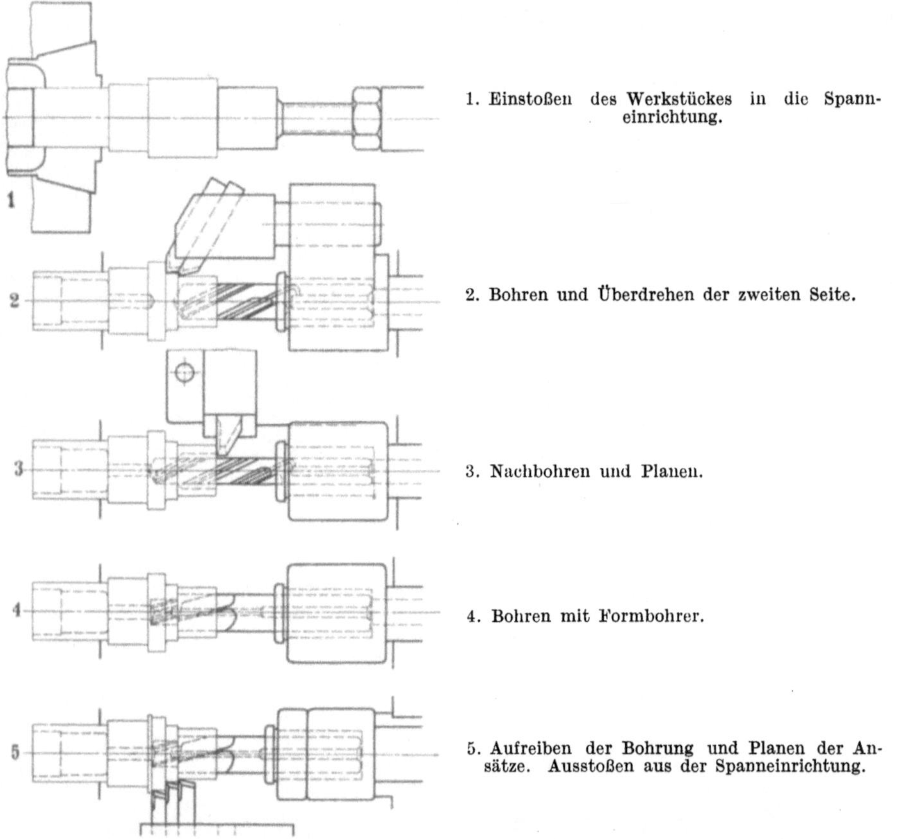

Abb. 87. Fertigbearbeiten der Büchse Abb. 86 auf einem Revolverautomaten mit Magazinzuführung.

muß der Maschine von Hand zugeführt werden und wird in einem Dreibackenfutter mit Schaukelbacken auf der rohen Außenfläche gespannt. Für die Bearbeitung stehen ein vierseitiger Revolverkopf und zwei Querschlitten zur Verfügung. Die beiden ersten Revolverkopfseiten werden für die Bohrung mit mehrstahligen Bohrstangen und je einem Stahlhalter zum Überdrehen ausgerüstet. Dadurch wird an allen zur Bearbeitung kommenden Seiten die rohe Außenhaut weggeschruppt und die Form nachgeschlichtet. Gleichzeitig wird mit den beiden Querschlitten zuerst der Flansch geschruppt und dann mit dem zweiten Querschlitten geschlichtet. Damit ist die Hauptbearbeitung erledigt.

Die beiden nächsten Arbeitsgänge, die vom Revolverkopf aus erfolgen, dienen dem Fertigstellen der Formen. Mit einem Sonder-Einstechwerkzeug werden Nuten in der Bohrung eingestochen und diese dann nochmals geschlichtet und gleichzeitig die Nabe außen nochmals geschlichtet. Die Größe der Maschine und die Anordnung der Werkzeuge macht es möglich, daß trotz der Bearbeitung mit

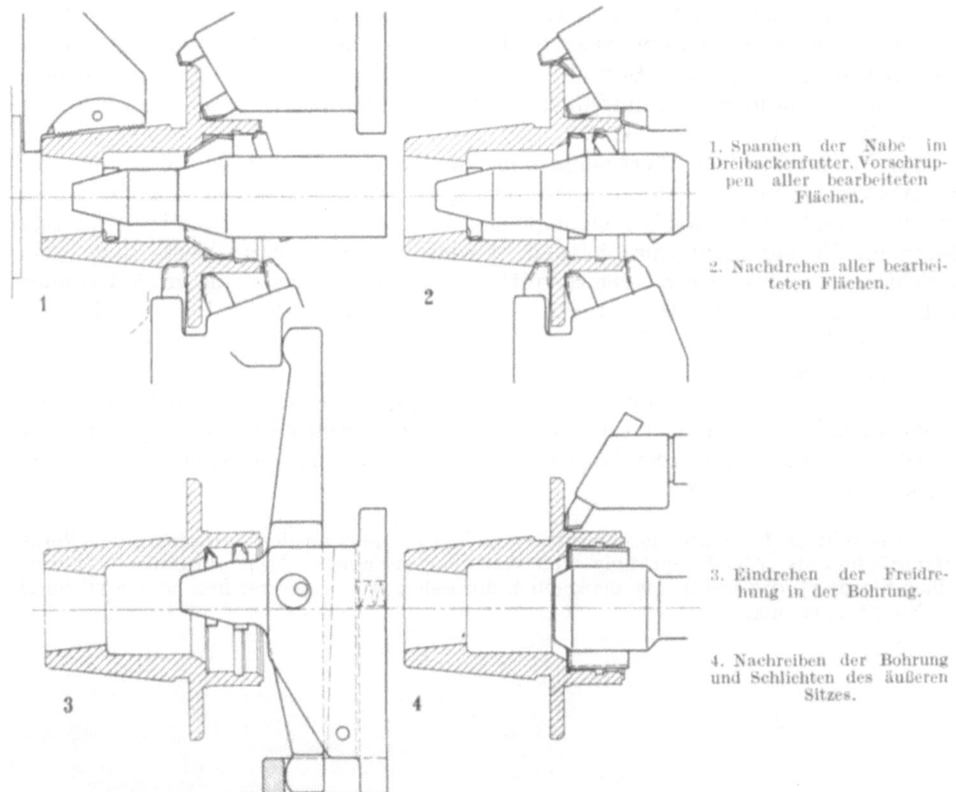

Abb. 88. Drehen einer geschmiedeten Nabe auf einem Revolverautomaten mit Dreibackenfutter.

nur 6 Werkzeugspannstellen (4 Revolverkopfseiten und 2 Querschlitten) doch 22 Schneidwerkzeuge zum Schnitt gebracht werden. Die Leistungsfähigkeit eines solchen Einspindel-Revolverautomaten ist dabei klar ersichtlich.

VII. Erzielung und Erhaltung der Genauigkeit.

24. Herstellungsgenauigkeit der Maschine. Die auf Einspindelautomaten jeder Art erreichbare Genauigkeit hängt von verschiedenen Einzelheiten ab. Vorbedingung für genaue Werkstücke ist eine genaue Maschine, bei der alle beweglichen Teile dicht, sozusagen ohne Spiel gehen. Es ist verständlich, daß ein nicht fest verriegelter Revolverkopf niemals gleichmäßige und genaue Werkstücke drehen kann, da er nicht ruhig steht. Desgleichen muß die Drehspindel genau rund und ruhig laufen. Weiterhin ist es wichtig, daß die einzelnen Bewegungen einwandfrei vor sich gehen. Beispielsweise muß sich der Revolverkopf bei seiner Längsbewegung genau parallel zur Spindelachse bewegen, denn sonst werden keine Zylinder, sondern Kegel gedreht. Die zulässigen Abweichungen sind mit genauer Größenangabe in dem Prüfbuch[1] festgelegt. Aber auch im Betrieb muß bei Überholungen die Genauigkeit nachgeprüft und nötigenfalls nachgearbeitet werden. Bei Führungen aller Art ist dies durch Nachschaben der Führungsbahnen erreichbar. Bei den Bohrungen der Revolverköpfe, die genau mit den Spindeln fluchten müssen, ist es nicht so einfach. Praktisch ist es da, die Bohrungen mit der Drehachse neu zu bohren und Werkzeuge mit stärkerem Schaft zu verwenden, oder die Bohrungen wieder auszubüchsen. Jedenfalls sollte man stets, wenn bei einer schon länger im Betrieb befindlichen Maschine die Arbeitsgenauigkeit nachläßt, an Hand der Prüftafeln nachsehen, ob die Maschine noch im erforderlichen Zustand ist.

25. Genauigkeit der Werkzeuge und Einstellung. Nächst der Maschine sind die Werkzeuge und ihr guter Aufbau auf die Werkzeugträger von großem Einfluß auf die erzielbare Werkstückgenauigkeit. Werkzeuge, die sehr schwer sind oder durch ihr Eigengewicht durchhängen, werden niemals genau gleichmäßige Teile drehen. Auch bei sehr schweren Schnitten kann man niemals eine große Genauigkeit verlangen, da die Werkstücke auszuweichen versuchen. Das gleiche gilt, wenn mit abgestumpften Werkzeugen gearbeitet wird, da die Schnittdrücke dann stark anwachsen.

Beim Einstellen eines Einspindelautomaten soll man möglichst jede Revolverkopfseite und jeden Schlitten durch einen Anschlag in seiner Endstellung begrenzen. So ist es möglich, auch bei langer Betriebszeit stets gleichmäßige, maßrichtige Werkstücke zu bekommen.

---

[1] Die Wirtschaftsgruppe Maschinenbau arbeitet zur Zeit an der Aufstellung von Normblättern für die Abnahmeprüfung von Werkzeugmaschinen. Das „Prüfbuch" (Berlin: Julius Springer), das bisher als maßgeblich anzusehen war, ist vergriffen und wird durch die Normblätter ersetzt.

Mehrspindel-Automaten. Von Dr.-Ing. **Hans H. Finkelnburg** VDI, Magdeburg. Mit 217 Abbildungen im Text. VI, 203 Seiten. 1938. RM 18.60; gebunden RM 19.80

Die wirtschaftliche Verwendung von Mehrspindelautomaten. Von Dr.-Ing. **Hans H. Finkelnburg** VDI, Magdeburg. („Werkstattbücher", Heft 71.) Mit 67 Abbildungen im Text. 56 Seiten. 1939. RM 2.—

Automaten. Die konstruktive Durchbildung, die Werkzeuge, die Arbeitsweise und der Betrieb der selbsttätigen Drehbänke. Ein Lehr- und Nachschlagebuch. Von Oberingenieur **Ph. Kelle**, Berlin. Zweite, umgearbeitete und vermehrte Auflage. Mit 823 Figuren im Text und auf 11 Tafeln, sowie 37 Arbeitsplänen und 8 Leistungstabellen. XI, 466 Seiten. 1927. Gebunden RM 23.40

Das Einrichten von Automaten.

Erster Teil: **Die Automaten System Spencer und Brown & Sharpe.** Von **Karl Sachse.** Vergriffen

Zweiter Teil: **Die Automaten System Gridley (Einspindel) und Cleveland und die Offenbacher Automaten.** Von **Ph. Kelle, E. Gothe, A. Kreil.** Mit 53 Figuren im Text und zahlreichen Tabellen. 58 Seiten. 1926. RM 1.80

Dritter Teil: **Die Mehrspindel-Automaten, Schnittgeschwindigkeiten und Vorschübe.** Von **E. Gothe, Ph. Kelle, A. Kreil.** Mit 60 Figuren im Text und 20 Tabellen. 58 Seiten. 1927. RM 1.80

(„Werkstattbücher", Heft 21, 23 und 27.)

Das Einrichten von Halbautomaten. Die Einspindel-Maschinen System Potter & Johnston und Monforts, die Mehrspindel-Maschine System Prentice. Von Oberingenieur **J. van Himbergen**, Ingenieur **A. Bleckmann**, Oberingenieur **A. Wassmuth.** („Werkstattbücher", Heft 36.) Mit 45 Figuren im Text. 52 Seiten. 1928. RM 1.80

Die Werkzeugmaschinen, ihre neuzeitliche Durchbildung für wirtschaftliche Metallbearbeitung. Ein Lehrbuch von Prof. **F. W. Hülle.** Vierte, verbesserte Auflage. Mit 1020 Abbildungen im Text und auf Textblättern, sowie 15 Tafeln. VIII, 611 Seiten. 1919. Unveränderter Neudruck 1923. Gebunden RM 21.60

Die Grundzüge der Werkzeugmaschinen und der Metallbearbeitung. Von Professor **F. W. Hülle**, Magdeburg.

Erster Band: **Der Bau der Werkzeugmaschinen.** Siebente, vermehrte Auflage. Mit 536 Textabbildungen. IX, 287 Seiten. 1931. Unveränderter Neudruck 1938. RM 7.—; gebunden RM 8.25

Elemente des Werkzeugmaschinenbaues. Ihre Berechnung und Konstruktion. Von Professor Dipl.-Ing. **Max Coenen**, Chemnitz. Mit 297 Abbildungen im Text. IV, 146 Seiten. 1927. RM 9.—